"十四五"精品课程规划教材

化工原理实验与工程实训

HUAGONG YUANLI SHIYAN YU GONGCHENG SHIXUN

主编　张博阳　尹晓红

天津大学出版社
TIANJIN UNIVERSITY PRESS

内容提要

本书介绍化工原理实验与工程实训的操作技术和工程实验的处理方法,并将二者有机结合,以培养学生分析、处理、解决复杂工程问题的能力。全书共分为6章:第1章绪论;第2章实验室安全;第3章化工实验数据的测量;第4章实验误差分析与数据处理;第5章化工原理实验;第6章化学工程实训。

本书可作为高等院校化工及相关专业的化工原理实验课、工程实训环节的教材或教学参考书,也可以作为石油、化工、轻工、环境、医药等行业从事科研、生产的技术人员的参考书。

图书在版编目(CIP)数据

化工原理实验与工程实训 / 张博阳, 尹晓红主编
. -- 天津:天津大学出版社, 2021.8
"十四五"精品课程规划教材
ISBN 978-7-5618-7019-8

Ⅰ.①化… Ⅱ.①张… ②尹… Ⅲ.①化学工程—化学实验—高等学校—教学参考资料 Ⅳ.①TQ016

中国版本图书馆CIP数据核字(2021)第174236号

出版发行	天津大学出版社	
地　　址	天津市卫津路92号天津大学内(邮编:300072)	
电　　话	发行部:022-27403647	
网　　址	www.tjupress.com.cn	
印　　刷	廊坊市海涛印刷有限公司	
经　　销	全国各地新华书店	
开　　本	185mm×260mm	
印　　张	11	
字　　数	275千	
版　　次	2021年8月第1版	
印　　次	2021年8月第1次	
定　　价	32.00元	

前　言

　　化工原理是紧密联系生产实际、实践性很强的课程,是化学工程、制药工程、环境工程、生物工程等专业学生必修的一门技术基础课,它已形成了完整的教学内容和教学体系。化工原理实验是学习、掌握和运用化工原理必不可少的重要实践课程。化工原理实验属于工程实验范畴,它具有明显的工程特点。每一个单元操作实验相当于化工生产中的一个基本过程,通过它能建立起一定的工程概念。同时,随着实验课的进行,会遇到大量的工程实际问题,对学生来说可以在实验过程中更实际、更有效地学到更多工程实验方面的原理及测试手段,可以看到复杂的真实设备与工艺过程同描述这一过程的教学模型之间的关系。

　　为培养学生解决复杂工程问题的能力,天津理工大学化学化工学院建立了一套化工工程化训练装置,包括管路和换热器的拆装、CO_2吸收解吸操作、精馏塔开停车操作和各种工业离心机分离操作等训练项目。本工程化系列装置采用了化工技术、自动化控制技术和网络技术的最新成果,实现了工厂情景化、故障模拟化、操作实际化和控制网络化的设计目标。通过工程化训练平台,可充分培养学生的动手能力,并建立起学生的工程化概念。这一训练平台能够与计算机仿真实习训练充分衔接,使学生在模拟训练的基础上亲自动手操作设备,达到强化操作能力和提高工程化训练水平的目的。

　　本书力求通过化工原理实验和工程化训练,培养学生综合应用理论知识,分析并解决实际问题的能力,开拓学生的实验思路,掌握新的实验技术和方法,增强动手能力,以满足21世纪化学工业迅速发展对化工高级应用型人才的需要。

　　由于编者水平所限,不妥之处在所难免,衷心希望读者给予批评指正,帮助本书日臻完善。

目　　录

第1章　绪论

1.1　课程概述

本教材包含了化工原理实验与工程实训两门课程的内容。

化工原理实验课程是化学工程与工艺、应用化学、制药工程、过程控制与装备、环境工程、高分子材料等专业的必修课程，与化工原理、化工单元设备设计等课程相互衔接，构成一个有机整体。化工原理实验属于工程实验范畴，不同于基础课实验。首先，其研究对象是化工领域的实际工程问题，例如气体在吸收塔中的吸收过程、乙醇－正丙醇在板式塔中的精馏分离过程、湿物料在干燥器内的干燥过程等。实验所用的器材都是与化工过程相同或类似的整套实验装置，每一套实验装置涉及的控制点和变量较多，可相当于化工生产中的一个基本过程。因此，实验中得到的结论及改进方法对化工单元设备设计与过程控制都具有指导意义。其次，化工原理实验与工程实训中所处理的问题是复杂的、非理想化的，所采用的研究方法也必然不同，不能将基础课实验中的研究方法简单地套用，而应采用工程问题的研究方法。

工程实训课程通过工程化训练平台对学生在工业化生产过程中各种故障的发现、分析、处理能力等综合素质进行培养。通过该门课程有效地培养学生的动手能力、建立工程化概念。训练平台还能够与计算机仿真实习训练充分衔接，使学生在模拟训练的基础上亲自动手操作设备，达到强化操作能力和提高工程化训练水平的目的。

1.2　课程要求

化工原理实验与工程实训具有较强的理论性和实践性，是培养学生分析、解决复杂工程问题能力的一门重要课程，在化工相关专业工程教育认证中占有重要的位置。通过教学，应达到如下教学目的。

（1）让学生加深对化工原理理论的理解。化工原理理论课所涉及的概念、理论、公式较多，学生反映不易理解和掌握。通过实验与实训课程，学生验证和巩固化工原理的理论知识,运用所学理论指导实验工作,对实验数据和实验现象进行分析,从而对理论具有深入的认识。

(2)让学生学习和了解化工过程工程实验的研究方法。通过实验与实训课程的学习,掌握化工过程中各种数据的测量方法、测试仪表的选择、过程条件的确定和控制,以及实验中异常现象分析和处理能力;掌握数据处理的方法。通过实验报告将实验流程、实验结论与分析全面准确地呈现,为将来从事科研工作打好基础。

(3)培养学生严谨的科研态度。实验研究是实践性极强的工作,本课程中学生首次接触工程化实验,这要求学生在实验的设计、实验的实施、实验现象的观察、数据的获取与处理等环节都要秉承严谨严肃的态度和作风。

(4)培养学生团队协作精神。本课程的实验均涉及多个变量且过程复杂,因此要求学生在实验过程中必须团队合作、分工明确,一同讨论实验步骤并确定调控参数的范围,记录实验现象和数据,分析实验结果,找出问题并解决。

通过本教材课程的教学,让学生将理论与实际加以联系,培养学生发现、分析、解决问题的工程能力,为将来更好地开展科研工作和解决复杂工程问题打好基础,因此本课程在教学中对学生提出如下要求。

1.2.1 实验前的准备

学生应先参加实验室安全培训,经考试取得合格证后方可进入实验室进行实验。

课前认真阅读实验指导书并复习相关的理论知识,明确实验目的和要求,熟悉实验原理、实验流程及实验装置的结构和操作方法,撰写预习报告。预习报告应包括实验目的、原理、操作步骤、手绘流程图,并提前设计好原始数据记录表,表格中应记录实验条件以及各物理量的名称、符号和单位等。

1.2.2 实验过程的要求

进入实验室后,要有安全意识,搞清楚水闸、电闸、气源阀门的位置及灭火器的存放地点。

课上认真听讲,在教师的指导下了解实验操作。实验前,应检查实验装置和仪器是否完好,对电机、风机、泵的运转进行必要的检查;对各种阀门,尤其是回路阀和旁路阀的开启情况进行确认。检查完毕后,方可开机实验。实验分组进行,组内分工明确,在适当时候轮换工作,保证每位同学都能得到全面的训练。操作时要保证实验在稳定条件下运行,并仔细观察实验现象,认真记录实验数据;若发现异常现象,要按照停车步骤终止实验并报告指导教师;实验完毕后,关闭实验装置、水电气,打扫实验室卫生,将预习报告和原始数据记录表交于指导教师并签字后方可离开。

1.2.3　实验报告撰写要求

实验报告是对实验工作全面、系统的总结与概括。完整的实验报告应包括以下几方面内容:①实验名称;②实验目的;③实验原理;④操作步骤;⑤实验流程图;⑥原始数据记录表;⑦数据整理表和图;⑧数据整理过程计算举例;⑨结果分析与讨论。其中,①至⑥在预习报告和实验中完成,⑦至⑨在实验后完成。⑦数据整理表和图部分要求学生将实验数据按一定的规则进行处理,以表格或图表的形式呈现。⑧数据整理过程计算举例部分要求学生以原始数据为例,给出数据图表中结果的具体计算过程,同组同学取不同数据进行计算。⑨结果分析与讨论部分应包括理论上对实验所得结果的解释,对异常现象的分析讨论,对数据误差的分析以及提高测量精确的方法,实验的结果对实践的指导意义,并由实验结果提出进一步的研究方向及实验装置改进建议等。

实验报告于实验后统一提交。实验成绩由课堂表现和报告撰写两部分组成,评分标准见表 1-1。

表 1-1　实验成绩评分标准

评分标准		
课堂表现(40%)	报告撰写(60%)	得分
扎实掌握实验原理,准确回答问题;实验流程规范,操作正确,具备较强动手能力,完成指定实验任务	准时上交,书写整洁规范,数据处理及结果分析正确,符合实验报告的要求	90~100
较为扎实地掌握实验原理,较为正确地回答问题;实验流程较规范,具备必要的动手能力,能够完成指定实验任务	准时上交,书写整洁规范,数据处理及结果分析基本正确,符合实验报告的要求	70~89
掌握部分实验原理,正确回答部分问题;实验流程不够规范,能完成部分实验任务	准时上交,书写不够整洁规范,数据处理及结果分析基本正确,基本符合实验报告的要求	60~69
未掌握实验原理,不能正确回答问题;实验流程不规范,不能完成指定的实验任务	不能准时上交,书写不规范,数据处理及结果分析错误,不符合实验报告的要求	0~59

1.3　实验研究方法

如同其他工程学科一样,化学工程除了通过生产总结经验以外,更是通过实验研究夯实了学科的理论和发展的基础。

化学工程在发展过程中运用的研究方法有直接实验法、因次分析法和数学模型法三种。

1. 直接实验法

直接实验法是根据研究的目的和任务,人为地制造或改变某些客观条件,控制或模拟某些自然过程,从而得到实验结果的方法。直接实验法是解决工程问题的最基本方法。直接实验法所得到的结果较为可靠,但是结果的局限性较大,一旦改变物料、条件和设备等,实验结果便不再适用。例如,在某一条件下进行洞道干燥实验,可以得出此过程的干燥曲线和干燥速率曲线,若改变干燥物料或空气流量等条件,得出的曲线形状也都将不同。

对于实际工程问题,影响某一指标的因素通常是多个变量,为研究过程的规律,每次实验需要改变某一变量和固定其他变量。若涉及的变量很多,所进行的实验次数将十分庞大。但是直接实验法针对性强,实验结果可靠,对于一些尚无法靠其他实验方法解决的工程问题,不失为一种直接有效的方法。

2. 因次分析法

对于工程问题,若用直接实验法研究某个涉及 n 个变量的过程,其中每个变量变化 m 次,其余 $n-1$ 个变量保持不变,为得到全面的实验结果,需要进行 m^n 次实验。这样的工作量耗时、耗财、耗力,为减少实验次数,并得到具备一定通用性的结果,可采用因次分析法。

因次分析法又称量纲分析法,它的理论基础是因次一致性原则和白金汉 π 定理。因次分析法是化学工程领域广泛使用的一种实验方法,它的优点在于将多变量函数整理为简单的无因次数群的函数,然后经实验得出准数关系式,从而减少实验工作量。

量纲(dimension)是指物理量固有的、可度量的物理属性。一个物理量是由自身的物理属性(量纲)和为了度量物理属性而规定的量度单位两个因素构成的。国际单位制(SI)规定了 7 个基本物理量,相对应地有 7 个基本单位及量纲,见表 1-2。

表 1-2　国际单位制(SI)基本物理量的单位与量纲

物理量名称	单位名称 / 符号	量纲
长度	米 /m	L
质量	千克 /kg	M

时间	秒 /s	T
电流	安培 /A	I
热力学温度	开尔文 /K	θ
物质的量	摩尔 /mol	N
发光强度	坎德拉 /cd	J

其他任何物理量的量纲均可以通过以上基本量纲导出。例如,速度表示单位时间通过的长度,根据定义,速度的单位是由长度和时间两个基本单位导出,即 m/s,其量纲为 LT^{-1}。如果一个物理量可以用一个纯实数来衡量(例如雷诺数 Re),则这个物理量无量纲或量纲为 1。

因次一致性原则是指凡是由基本的物理规律导出的物理量方程,其中各项的因次必然相同。白金汉 π 定理是指若影响某一现象的物理量为 n 个,这些物理量中涉及的基本量纲为 r 个,则该现象可用 $N = n - r$ 个独立的无量纲数群关系式表示。

下面以流体无相变时强制对流传热的传热系数求解过程为例来说明因次分析法的具体步骤。

(1)找出影响过程的物理量。可以从设备特征变量、物性变量、操作变量中确定对所研究过程的现象有影响的独立变量。经分析,换热设备的特性尺寸 l、流体的密度 ρ、黏度 μ、定压比热容 c_p、导热系数 λ 及流速 u 等均是影响对流传热系数 α 的因素,其函数形式表达为

$$\alpha = f(l, \rho, \mu, c_p, \lambda, u) \tag{1-1}$$

(2)确定独立变量所涉及的基本量纲,并用基本量纲表示所有变量的量纲,得出各变量的因次式。上述 7 个物理量涉及的基本量纲有长度 [L]、质量 [M]、时间 [T] 和热力学温度 [θ],其他 3 个量纲均可以由这 4 个基本量纲导出,具体见表 3-1。

表 1-3　物理量的量纲

物理量名称	对流传热系数	换热器尺寸	密度	黏度	定压比热容	导热系数	流速
符号	α	l	ρ	μ	c_p	λ	u
量纲	$MT^{-3}\theta^{-1}$	L	ML^{-3}	$ML^{-1}T^{-1}$	$LT^{-2}\theta^{-1}$	$MLT^{-3}\theta^{-1}$	LT^{-1}

(3)根据白金汉 π 定理列出导出物理量逐一与基本物理量组成的量纲为 1 的数群。根据白金汉 π 定理,量纲为 1 的数群的数目 N 等于变量(包括对流传热系数 α)数 n 与基本量纲数 r 的差,在这里 $N = n - r = 7 - 4 = 3$,也就是说对以上 7 个变量进行量纲分析和适当的变量组合,可以组合成 3 个量纲为 1 的数群,这 3 个量纲为 1 的数群可用 π_1、π_2、π_3 表示。因

此,式(1-1)可表达为 $\pi_1 = \phi(\pi_2, \pi_3)$ 。这个隐函数的具体形式并不清楚,然而从数学上讲,任意非周期函数用幂函数的形式表达是可取的,所以按幂函数形式处理。

每个量纲为 1 的数群应包含 1 个核心物理量,核心物理量的选取遵循的原则是核心物理量应包括该过程中所有的量纲且不能是待求物理量,不能同时具有相同的量纲。依据该原则选取 l、λ、μ、u 作为核心物理量,余下的 3 个物理量分别与核心物理量组成量纲为 1 的数群,即

$$\pi_1 = l^a \lambda^b \mu^c u^d \alpha \tag{1-2}$$

$$\pi_2 = l^e \lambda^f \mu^g u^h \rho \tag{1-2a}$$

$$\pi_3 = l^i \lambda^j \mu^h u^m c_p \tag{1-2b}$$

代入各自物理量的量纲,由因次一致性可知,方程等号左右的因次相同,从而可得到量纲为 1 的数群的具体表达式。以 π_2 为例,有

$$M^0 L^0 \theta^0 T^0 = L^e (MLT^{-3}\theta^{-1})^f (ML^{-1}T^{-1})^g (LT^{-1})^h (ML^{-3})$$

对质量 [M]　$f + g + 1 = 0$

对长度 [L]　$e + f - g + h - 3 = 0$

对时间 [T]　$-3f - g - h = 0$

对温度 [θ]　$-f = 0$

联立上述方程,解得 $e = 1, f = 0, g = -1, h = 1$,并将参数带入式(1-2a),得

$$\pi_2 = l \mu^{-1} u \rho = \frac{lu\rho}{\mu} = Re \tag{1-3}$$

同样的方法可得

$$\pi_1 = \frac{\alpha l}{\lambda} = Nu \tag{1-4}$$

$$\pi_3 = \frac{\mu c_p}{\lambda} = Pr \tag{1-5}$$

其中,Re 为雷诺准数,是表征流体流动形态的量纲为 1 的数群;Nu 为努赛尔准数,是表征对流传热系数的量纲为 1 的数群;Pr 为普朗特准数,是反映与传热有关的流体物性的量纲为 1 的数群。式(1-1)可表示为

$$Nu = \phi(Re, Pr)$$

由以上分析可以看出,因次分析法将一个复杂的多变量的对流传热系数的计算问题转化为努赛尔准数 Nu 的确定,而努赛尔准数 Nu 又是与雷诺准数 Re 和普朗特准数 Pr 有关的

函数。至于函数关系的具体形式,还是要通过实验来确定。例如,低黏度流体在光滑管圆形直管内作强制湍流时的努赛尔准数 Nu 可用下式进行计算:

$$Nu = 0.023Re^{0.8}Pr^n \tag{1-6}$$

其中,流体被加热时 $n = 0.4$,流体被冷却时 $n = 0.3$。

　　使用因次分析法时需注意,必须对所研究的过程的问题有本质的了解,若有重要的变量被遗漏或者引入无关变量,就不能得出正确的结果,甚至得到错误的结论。此外,因次分析法在处理工程问题时,无法得出过程的机理,也无法得出各变量对过程影响的权重。因此,因次分析法只能得出实验数据的关联式,而无法对各种变量对过程的影响规律进行分析。

　　3. 数学模型法

　　数学模型法是将复杂问题合理简化成近似实际过程的物理模型,用一个或一组函数方程式描述过程变量之间的关系,确定方程的初始条件和边界条件,再求解方程,得出结论。按数学模型分类,可分为机理模型和经验模型。机理模型也叫解析公式,它是由过程的机理推导得出的,其计算结果可以外推,单层平壁热传导的传热速率计算公式 $Q = -\lambda S \dfrac{\mathrm{d}t}{\mathrm{d}x}$ 属于此类公式。经验模型也叫经验关联式,它由经验数据归纳而成,其计算结果具有一定局限性,不适宜外推,式(1-6)属于此类公式。

　　化工过程一般较为复杂,且过程检测手段有限,完全掌握某一化工过程的机理有一定难度,因此在解决化工问题上,往往只要求数学模型在一定条件下的精确性,而不刻意追求模型的外推性。这允许人们在建模过程中只抓住过程的本质特征,忽略一些次要因素的影响。下面以少量清水沿竖直放置的换热器壁面向下缓慢流动的过程为例说明建立模型的步骤。

　　(1)对过程进行观测,找出影响过程的因素。流体流动涉及的变量有流体的密度 ρ、流体的黏度 μ、流体的流速 u 以及流体在换热器中的位置。

　　(2)抓住过程的主要特性进行适当简化,建立物理模型。流体为清水,可按牛顿型不可压缩流体处理;流体的量很少,因此相对于换热器表面而言,换热器可视为高度和宽度都很大的固体壁面;流速很慢,可视为流体为稳态的层流流动。

　　(3)根据物理模型建立数学模型。数学模型可以是一个方程式也可以是一个方程组。化工过程通常采用的数学关系有物料衡算方程、能量衡算方程、相平衡方程、过程速率方程、溶解度方程或与某一过程相关的约束方程。

　　本例中涉及不可压缩流体的连续性方程为

$$\frac{\partial u_x}{\partial x} + \frac{\partial u_y}{\partial y} + \frac{\partial u_z}{\partial z} = 0$$

不可压缩流体的运动方程为

x 分量　　$u_x\dfrac{\partial u_x}{\partial x}+u_y\dfrac{\partial u_x}{\partial y}+u_z\dfrac{\partial u_x}{\partial z}+\dfrac{\partial u_x}{\partial \theta}=X-\dfrac{1}{\rho}\dfrac{\partial p}{\partial x}+v\left(\dfrac{\partial^2 u_x}{\partial x^2}+\dfrac{\partial^2 u_x}{\partial y^2}+\dfrac{\partial^2 u_x}{\partial z^2}\right)$

y 分量　　$u_x\dfrac{\partial u_y}{\partial x}+u_y\dfrac{\partial u_y}{\partial y}+u_z\dfrac{\partial u_y}{\partial z}+\dfrac{\partial u_y}{\partial \theta}=Y-\dfrac{1}{\rho}\dfrac{\partial p}{\partial y}+v\left(\dfrac{\partial^2 u_y}{\partial x^2}+\dfrac{\partial^2 u_y}{\partial y^2}+\dfrac{\partial^2 u_y}{\partial z^2}\right)$

z 分量　　$u_x\dfrac{\partial u_z}{\partial x}+u_y\dfrac{\partial u_z}{\partial y}+u_z\dfrac{\partial u_z}{\partial z}+\dfrac{\partial u_z}{\partial \theta}=Z-\dfrac{1}{\rho}\dfrac{\partial p}{\partial z}+v\left(\dfrac{\partial^2 u_z}{\partial x^2}+\dfrac{\partial^2 u_z}{\partial y^2}+\dfrac{\partial^2 u_z}{\partial z^2}\right)$

该过程是 y 方向的一维流动,故 $u_x=u_z=0$,则连续性方程简化为

$$\frac{\partial u_y}{\partial y}=0$$

由于稳态流动,则

$$\frac{\partial u_y}{\partial \theta}=0$$

壁面很宽,则

$$\frac{\partial u_y}{\partial z}=0 \ , \ \frac{\partial^2 u_z}{\partial z^2}=0$$

运动方程简化为

x 分量　　$\dfrac{\partial p}{\partial x}=0$

y 分量　　$g-\dfrac{1}{\rho}\dfrac{\partial p}{\partial y}+v\dfrac{\partial^2 u_y}{\partial x^2}=0$

由于流体量小,因此流体外的空间较大,可视为自由表面,则 $\dfrac{\partial p}{\partial y}=0$。

z 分量　　$\dfrac{\partial p}{\partial z}=0$

故描述该流动过程的数学模型为

$$\rho g+v\frac{\mathrm{d}^2 u_y}{\mathrm{d} x^2}=0$$

(4)通过实验检验并修正模型。

1.4　实验设计方法

化工实验涉及多变量多水平,因此合理安排组织实验以获得最有价值的结果成为实验设计的核心内容。实验设计常用术语如下。

（1）指标:在实验中衡量实验结果的参数,例如阻力系数、吸收系数、产量、产率等。

（2）因素:实验研究中的自变量,常常是造成实验指标按某种规律发生变化的原因,例如流速、压力、温度等,实验设计中常用 A、B、C 表示。

（3）水平:因素所处的状态或条件,例如对于温度这个因素来说,10 ℃、20 ℃、30 ℃就是温度这个因素的不同水平,实验设计中常用 A_1、A_2、A_3 表示。

1.4.1　网格实验设计法

网格实验设计法是指在确定了实验的因素和水平后,在水平变化范围内,按照均匀布点的方式,将各因素的变化水平逐一搭配成一个实验点的实验设计法。

例如,一个 3 因素 3 水平的实验,用网格实验法安排实验,需要进行 27 次实验。图 1-1所示正方体上每个点代表 1 次实验。表 1-4 给出了该实验的实验设计表。

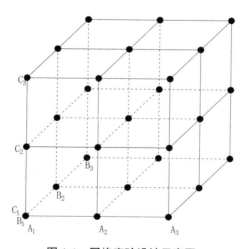

图 1-1　网格实验设计示意图

表 1-4　3 因素 3 水平实验设计表

$A_1B_1C_1$	$A_2B_1C_1$	$A_3B_1C_1$
$A_1B_1C_2$	$A_2B_1C_2$	$A_3B_1C_2$
$A_1B_1C_3$	$A_2B_1C_3$	$A_3B_1C_3$
$A_1B_2C_1$	$A_2B_2C_1$	$A_3B_2C_1$
$A_1B_2C_2$	$A_2B_2C_2$	$A_3B_2C_2$
$A_1B_2C_3$	$A_2B_2C_3$	$A_3B_2C_3$
$A_1B_3C_1$	$A_2B_3C_1$	$A_3B_3C_1$
$A_1B_3C_2$	$A_2B_3C_2$	$A_3B_3C_2$
$A_1B_3C_3$	$A_2B_3C_3$	$A_3B_3C_3$

可见，n 因素 m 水平的实验，需要进行 m^n 次实验，这对于多因素多水平实验显然是费时、费力且不适宜的。

1.4.2　正交实验设计法

正交实验设计法是利用正交表安排实验，利用极差分析法、方差分析法对实验结果进行处理，从而得到结论的实验方法，其特点是对于多因素多水平实验，挑选部分有代表性的水平组合进行实验，通过这部分实验结果的分析了解全面实验的情况。如图 1-1 所示，对于一个 3 因素 3 水平的实验，按网格实验设计法需要进行 27 次实验；而如图 1-2 所示，通过正交表 $L_9(3^4)$ 进行正交实验，则是从 27 个实验点中选出 9 个具有代表性的实验点进行实验。显然，正交实验设计法可有效减少实验次数。$L_9(3^4)$ 正交表见表 1-5。

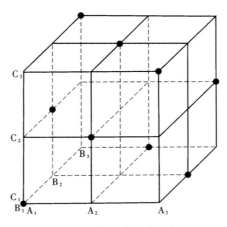

图 1-2　正交实验设计示意图

表 1-5　$L_9(3^4)$ 正交表

实验号 \ 列号	1	2	3	4
1	1	1	1	1
2	1	2	2	2
3	1	3	3	3
4	2	1	2	3
5	2	2	3	1
6	2	3	1	2
7	3	1	3	2
8	3	2	1	3
9	3	3	2	1

表 1-5 的记号所表示的 $L_9(3^4)$ 写为通式为 $L_n(t^q)$，其含义如下：L 为正交表符号；n 为实验次数，即正交表行数；t 为因素的水平数，即 1 列中出现不同数字的个数；q 为最多能安排的因素个数，即正交表的列数。表 1-5 各列水平数相同，称为等水平正交表；各列水平数不完全相同的正交表称为混合正交表，表 1-6 为 $L_8(4\times2^4)$ 正交表。混合正交表表示的通式为 $L_n(t^q\times p^r)$，表示有 q 列的水平数为 t，有 r 列的水平数为 p，实验次数为 n。

表 1-6　混合水平 $L_8(4\times2^4)$ 正交表

实验号 \ 列号	1	2	3	4	5
1	1	1	1	1	1
2	1	1	1	2	2
3	2	2	2	1	1
4	2	2	2	2	2
5	3	1	2	1	2
6	3	1	2	2	1
7	4	2	1	1	2
8	4	2	1	2	1

正交表具有正交性、代表性和综合可比性的特点。

正交性指任一列中各水平都出现，且出现的次数相等，如 $L_9(3^4)$ 中不同数字只有 1、2

和 3,它们各出现 3 次;任意两列之间各种不同水平的所有可能组合都出现,且出现的次数相等,如 $L_9(3^4)$ 中(1,1)、(1,2)、(1,3)、(2,1)、(2,2)、(2,3)、(3,1)、(3,2)、(3,3)各出现 1 次,即每个因素的一个水平与另一因素的各水平所有可能组合的次数相等,表明任意两列各个数字之间的搭配是均匀的。

代表性指任一列的各水平都出现,使得部分实验中包含所有因素的所有水平,因此任意两因素间的实验组合为全面实验。并且由于正交表的正交性,正交实验的实验点必然均匀地分布在全面实验点中,具有很强的代表性。因此,部分实验寻找的最优条件与全面实验所寻找的最优条件,应有一致的趋势。

综合可比性指任意两列间所有可能的组合出现的次数都相等,使得在任一因素下,各水平的实验条件都相同。这保证了在每列因素各水平的效果中,最大限度地排除其他因素的干扰,突出本列因素的作用,从而可以综合比较该因素不同水平对实验指标的影响。

下面以一个实例来说明正交实验设计的步骤。

例如,1,3- 二氯丙醇的转化率可能与反应温度 A、反应时间 B、投料比 C 和投料 D 有关,为寻找最优的生产条件,以提高该产品的转化率,按以下步骤进行正交实验设计。

(1)确定实验目的和实验指标,该例中产品的转化率即为实验指标。

(2)确定实验的因素,这些因素应是对实验指标有影响且可控的。若不清楚某因素是否影响实验指标也可以加上,因为在正交实验中不会增加太多的工作量。这里可以先列出已明确的 4 个因素。

(3)选定每个因素要考察的水平数。水平数可以相等也可以不相等。这里每个因素取 3 个水平。

(4)选择正交表。若每个因素有 t 个水平,就选择 $L_p(t^q)$,其中要求 q 不小于实验要求的因素个数。在这里,有 4 个因素,每个因素有 3 个水平,因此选用 $L_9(3^4)$ 正交表安排实验。若各因素水平数不相等,可以选用混合正交表。

(5)表头设计。选定正交表后,将各因素分别填写在所选正交表的上方与列号相应的位置,一个因素占一列,不同因素占不同列,出现的空列可以作为交互列或者误差列来安排。

(6)明确实验方案并进行实验,同时为了清晰地看出实验结果,可以在正交表增加实验结果一列,即实验指标列,实验设计与实验结果见表 1-7。

表 1-7　正交实验安排与实验结果表

序号　　水平　实验号	A	B	C	D	实验结果 /%
	1	2	3	4	
1	1（60）	1（2.5）	1（1.1：1）	1（500）	38
2	1	2（3.0）	2（1.15：1）	2（550）	37
3	1	3（3.5）	3（1.2：1）	3（600）	76
4	2（70）	1	2	3	51
5	2	2	3	1	50
6	2	3	1	2	82
7	3（80）	1	3	2	44
8	3	2	1	3	55
9	3	3	2	1	86

1.4.3　序贯实验设计法

　　有些实验优化方向难以预见或确定,下一步的实验方案往往要根据上一步的实验结果来设计。这种方法的思路是先通过少量实验获得初步信息,再在此基础上做出判断以确定实验方向。即实验必须一个接着一个开展,在时间上有先后,步骤上分前后的情况下使用。序贯实验设计法可分为登山法和消去法两种。登山法是逐步向最优化目标逼近的过程,类似于登山一样朝山顶挺近。消去法则是不断地除去非优化区域,使优化目标存在的范围越来越明确。

第 2 章 实验室安全

2.1 实验室安全概述

实验室是教学科研工作的重要基地。实验室中隐患变异性大,危害种类繁多,一旦发生安全事故,将会对人员造成伤害、仪器造成损失,从而使教学科研工作停滞,甚至还会连带发生刑事、民事诉讼及赔偿。随着近年来企业、高校实验室发生多起重大安全事故,人们更加认识到保障实验室安全是实验工作的基础和底线。无论从实验室的使用功能,还是从实验室的自身发展来看,我们都应该强调把实验室的安全防范作为实验工作的基础。

实验室安全工作意在建立一个安全的教学科研环境,减少实验过程中发生的风险,确保师生的健康及安全,确保仪器设备的正常运转。针对大量实验室安全事故起因进行分析和统计,发现人为因素导致的事故比例高达 98%,其余 2% 为仪器设备或各种管线年久失修、老化损坏及不可抗力的自然灾害等。在这 98% 的人为因素中包括工作人员的知识经验不足、操作经验不足、不遵守规章制度、工作疲劳及对工作的不适应等原因。本章从实验室安全面临的问题入手,阐述实验室可能存在的隐患,事故发生的原由、表现形式及危害,以及针对这些隐患的预防措施,为学生、工作人员提供必要的安全知识,建立合理的实验规章制度,帮助师生、工作人员维护一个安全的教学科研环境。

2.2 用电安全

化工原理所用的实验装置大多为强电设备,尽管在实验室建设时,已做好绝缘措施,但若实验人员操作不规范而不慎接触或接近带电体也会发生触电事故。

2.2.1 触电

由于人是一个导电体,因此人碰到带电的导线,电流就要通过人体,这就叫触电。电流通过人体,会对人的身体和内部组织造成不同程度的损伤。这种损伤分电击和电伤两种。电击是指电流通过人体时所造成的身体内部伤害。电伤会使人觉得全身发热、发麻,肌肉发生不由自主的抽搐,逐渐失去知觉。如果电流继续通过人体,将使触电者的心脏、呼吸机能和神经系统受伤,直到停止呼吸,心脏活动停顿而至死亡。

触电最常见且最危险的形式是电击。触电方式一般有以下几种。

(1)单相触电:人体接触一根火线所造成的触电事故。单相触电形式最为常见,主要有以下两种。

① 中性点接地电网的单相触电:当人体接触其中一根火线时,人体承受 220 V 的相电压,电流通过人体→大地→中性点接地体→中性点形成闭合回路,触电后果比较严重。

② 中性点不接地单相触电:当人体接触一根火线时,触电电流经人体→大地→线路→对地绝缘电阻(空气)和分布电容形成两条闭合回路。如果线路绝缘良好,空气阻抗、容抗很大,人体承受的电流就比较小,一般不发生危险;如果绝缘性不好,则危险性就增大。

(2)两相触电:人体同时接触两根火线所造成的触电事故。当人体同时接触两相火线时,电流经 B 相火线→人体→C 相火线→中性点构成闭合回路,380 V 线电压直接作用于人体,触电电流在 300 mA 以上,这种触电最为危险。

(3)跨步电压触电:三相线偶有一相断落在地面时,电流通过落地点流入大地,此落地点周围形成一个强电场。距落地点越近,电压越高,影响范围约 10 m。当人进入此范围时,两脚之间的电位不同,就形成跨步电压。跨步电压通过人体的电流就会使人触电。高压线有一相触地尤其危险。在潮湿地面,低压线断线触地形成的跨步电压也在 10 V 以上,对人体也会造成伤害,时间长了就会有生命危险。

2.2.2　安全用电知识

实验室是高校集中放置电器的场所,因此应特别注意安全用电。不同电流强度的 50 Hz 交流电通过人体的反应见表 2-10。

表 2-1　电流强度与人体反应

电流强度 /mA	1~10	10~25	25~100	>100
人体反应	麻木	肌肉强烈收缩	呼吸困难,甚至停止呼吸	心脏心室纤维性颤动,死亡

由此可见,为了保障人身安全,在实验室工作时应掌握安全用电知识,并严格遵守安全用电规则,本节通过部分常用名词来介绍安全用电的基本知识。

1. 安全电压

安全电压指不直接使人致死或致残的电压。安全电压是为了防止触电事故,而采用由特定电源供电的电压系列。根据环境、人员和使用方式,我国规定安全电压是42 V、36 V、24 V、12 V和6 V,常用安全电压是36 V、12 V。当电气设备的电压超过24 V时,必须采取防直接接触带电体的保护措施。截面面积为2.5 mm² 的铜芯导线,允许通过的长期电流为16~25 A。

2. 额定功率

额定功率指用电器正常工作时的功率。额定功率的值为用电器的额定电压乘以额定电流。若用电器的实际功率大于额定功率,则用电器可能会损坏;反之,则用电器无法正常运行。峰值功率指电源短时间内能达到的最大功率,通常仅能维持半分钟左右的时间,它不代表真正的负载能力。因此,在拿到实验装置的说明书或铭牌时,应以额定功率作为装置的工作标准。

3. 正确使用插座

在电源插座上会标明额定电压与额定电流,通过计算可以得到额定功率。多联电源插座插多种用电器时需计算总功率是否大于额定功率,若实际功率小于额定功率就是安全的,反之则不安全。此外,电流通过金属导体时,金属导体会升温,通过导体的电流越大,发热量也越大。当多种用电器的电流超过额定值后就会烧毁电线和插座,更有可能引起火灾。

4. 绝缘

绝缘指利用不导电的物质将带电体隔离或包裹起来,从而对触电起保护作用的安全措施。良好的绝缘对于保证电气设备与线路的安全运行,防止人身触电事故的发生是最基本和最可靠的手段。绝缘通常可分为气体绝缘、液体绝缘和固体绝缘三类。在实际应用中,固体绝缘仍是最为广泛使用,且最为可靠的一种绝缘物质。

5. 接地

接地就是把在正常情况下不带电、在故障情况下可能呈现危险的对地电压的金属部分同大地紧密地连接起来,把设备上的故障电压限制在安全范围内的安全措施。接地通过金属导线与接地装置连接来实现,常用的有保护接地、工作接地、防雷接地、屏蔽接地、防静电接地等。接地装置将电工设备和其他生产设备上可能产生的漏电流、静电荷以及雷电电流等引入地下,从而避免人身触电和可能发生的火灾、爆炸等事故。

6. 漏电保护器

漏电保护器简称漏电开关,又叫漏电断路器,主要用来在设备发生漏电故障时保护线路或电动机的过载和短路,亦可在正常情况下作为线路的不频繁转换启动之用。

7. 空气开关

空气开关也叫空气断路器,在电路中接通、分断和承载额定工作电流和短路、过载等故障电流,并能在线路和负载发生过载、短路、欠压等情况下,迅速分断电路,进行可靠的保护。

2.2.3　用电安全规范及事故处理

违规用电是造成人身伤亡、火灾、实验室仪器设备损坏等严重事故的重要原因之一。化工原理实验中电气设备较多,部分设备的电负荷也较大,对电气设备必须采取安全措施且操作者必须严格遵守下列操作规范。

(1)用电安全的基本要素包括电气绝缘良好、保证安全距离、线路和插座容量与设备功率相适宜、不使用"三"无产品。

(2)实验室内电气设备及线路设施必须严格按照安全用电规程和设备的要求实施,不许乱接、乱拉电线,墙上电源未经允许,不得拆装、改线。

(3)在实验室同时使用多种电气设备时,其总用电量和分线用电量均应小于设计容量。

(4)进行实验之前必须了解实验室内总电闸与分电闸的位置,以便出现用电事故时及时断电。

(5)在接通实验设备电源之前,必须清楚每一个开关的作用,必须认真检查电气设备和电路是否符合规定要求以及搞清整套实验装置的启动和停车操作顺序、紧急停车的方法。

(6)有人碰上了电线,必须想办法使触电者离开带电的物体,不然电流通过人体的时间越长,危险就越大。因此,当发现有人触电时,第一件事就是要以最迅速、最安全、最可靠的方法断开电源。在用电中,如果触电者触电的场所离控制电源开关、保险盒或插销较近,最简单的办法是断开电源、拉开保险盒或拔掉插销,这时电流就不能再继续通过触电者的身体;如果触电者触电的场所离电源开关很远,不能很快断开电源开关,可以用不传电的东西,如干燥的木棒、竹竿、衣服、绝缘绳索等(千万不能用导电物品),把触电者所碰到电线挑开,或者把触电者拉开,使他隔离电源。如果当时除了用手把触电者从电源上拉下来以外,再没有更好的办法,救护人最好能戴上胶片手套,如果没有胶片手套,可以把干燥的围巾或呢制便帽套在手上,或给触电者身上披上胶片布以及其他不导电的干燥布衣服等,再去抢救。如果没有这些东西,救护人可以穿上胶片鞋站在干燥的木板或不导电的垫子上,或衣服堆上进行抢救。抢救时只能用一只手去拉触电者,另一只手绝不能碰到其他导电的物体,以免发生危险。如果在抢救过程中,只能用切断电线的办法使触电者脱离电源,更应特别小心。这时可以用干燥木柄的斧头或装有绝缘柄的钳子,把带电导线砍断或剪断。切断电源时,应该把触电回路的导线全部切断。但是,必须一根一根地砍断或剪断,不能几根导线一起割断,不然会引起相间短路,发生其他事故。

（7）不要打开仪表控制柜的后盖和强电桥架盖,设备发生故障时应请专业人员进行维修。电气设备维修时必须停电作业。如接保险丝,一定要先拉下电闸后再进行操作。

（8）导线的接头应保证紧密牢固,裸露的接头部分必须用绝缘胶布或绝缘套包好。

（9）在使用电气设备时,电源或电气设备上的保护熔断丝或保险管应在规定标准下使用。若保险丝熔断,需要先查找原因,消除隐患后,再更换新的保险丝。更换保险丝时要按原规格进行,不得自行加粗或用其他材料电线代替。

（10）电热设备在木制实验台上工作时,必须用隔热材料垫架,以防引起火灾。

（11）发生停电现象时必须切断所有电闸,防止操作人员离开现场后,因突然供电而导致设备无法运行或在无人看管下运行。

（12）合闸动作要快,要合牢。合闸后若发现异常声音或气味,应立即拉闸,进行检查。如发现保险丝熔断,应立刻检查带电设备是否有问题,切忌不经检查便换上保险丝或保险管再次合闸,这样会造成设备损坏。

（13）离开实验室前,必须把分管本实验室的总电闸拉下。

2.3　消防安全

2.3.1　消防基本知识与规范

燃烧是一种发光发热的剧烈化学反应。任何物质发生燃烧必须同时具备三要素:可燃物、助燃物和着火源。可燃物是能与空气中氧或其他氧化剂起剧烈化学反应的物质。助燃物是能帮助和支持燃烧的物质,例如氧气、氧化剂等。助燃物只有在一定浓度下才会发生燃烧,通常只有与空气中的含氧量高于13%时才会燃烧,若低于9%火便会熄灭。着火源是指引起可燃物质燃烧的热能源,最常见的有明火焰、电火花以及化学反应能等。需要注意的是,燃烧不仅需要同时具备可燃物、助燃物和着火源,并且需要满足相互之间的数量比例,还必须使燃烧的三要素相互结合作用在一起,否则燃烧也不能发生。

实验室内应按照危险源和特性配备相应类别的消防器材和设备。消防器材必须放置在便于取用的明显位置,由专人管理,并按要求定期检查、更换。实验室内存放的一切易燃、易爆物品必须与高温设备、电源保持一定距离,不得随意堆放。在每个房间、走廊以及过道中应设置显著的火警标志、说明以及紧急通道标志,疏散逃生通道要保持畅通,不得堆放物品。实验人员应进行消防培训,了解疏散逃生线路和消防器材的使用方法。

2.3.2　火灾的分类

火灾是指在时间和空间上失去控制的燃烧所造成的灾害。了解各类火灾的燃烧特性对于成功有效地扑救火灾起着极其重要的作用。因为不同种类的火灾,燃烧特性不同,所采用的灭火方法和灭火手段就不同。根据《火灾分类》(GB/T 4968—2008),按照物质燃烧的特征可把火灾分为以下六类。

A 类火灾:指固体物质火灾。这种物质通常具有有机物质性质,一般在燃烧时能产生灼热的余烬。如木材、干草、煤炭、棉、毛、麻、纸张火灾等。

B 类火灾:指液体或可熔化的固体物质火灾。如煤油、柴油、原油、甲醇、乙醇、沥青、石蜡、塑料火灾等。

C 类火灾:指气体火灾。如煤气、天然气、甲烷、乙烷、丙烷、氢气火灾等。

D 类火灾:指金属火灾。如钾、钠、镁、钛、锆、锂、铝镁合金火灾等。

E 类火灾:指带电火灾。如物体带电燃烧的火灾。

F 类火灾:指烹饪器具内的烹饪物(如动植物油脂)火灾。

2.3.3　灭火方法

根据物质燃烧原理,灭火的基本方法就是破坏燃烧必须具备的条件,使燃烧反应终止,从而达到灭火的目的。

（1）隔离法:就是将可燃物与燃烧物体隔离,停止燃料供给,使燃烧终止的方法。如迅速将燃烧物转移到安全地点,或移走或隔离火场附近的易燃、易爆物质,或关闭可燃气体或可燃液体的阀门等,都是采取隔离方法进行的灭火措施。

（2）窒息法:就是将燃烧物与空气隔绝,或采用适当措施停止或减少空气中的氧气供给,使火因缺氧而熄灭的灭火方法。

（3）冷却法:将燃烧物的温度降低到着火点以下。用水、二氧化碳等直接喷洒在燃烧物上降温灭火,也可以用水喷射火源附近的可燃物进行降温从而阻止火灾的蔓延。

（4）抑制法(又称化学中断法):就是使用化学灭火剂渗入到燃烧反应中,猝灭或降低助燃游离基的活性,或产生活性低的游离基,从而终止燃烧反应的灭火方法。目前,常用的化学中断灭火剂有七氟丙烷和干粉灭火剂。化学中断法虽然能迅速、高效地扑灭火灾,但必须提防复燃的危险。

2.3.4　灭火器介绍与使用

灭火器是用来扑救初期火灾的灭火器具,其结构简单、轻便灵活、操作方便,因此使用十分普遍。常用的灭火器主要有空气泡沫灭火器、干粉灭火器和二氧化碳灭火器等。

1. 空气泡沫灭火器

空气泡沫灭火器又称机械泡沫灭火器,主要用来扑救油类火及部分液体初期火灾。其结构包括筒体、器头、开启机构及喷枪等,容量为 3~9 L,射程为 4~6 m,有效喷射时间为 15~40 s。使用时,检查灭火器后,选择上风方向,拔出保险销,一手握住喷枪,另一手压下手柄,让喷枪对准燃烧最猛烈处或液体容器边壁喷射,并逐渐向前移动,直至将火扑灭。空气泡沫灭火器使用中要保持直立,不能扑救用电器和可燃金属火灾,扑救液体火灾时不能直射液面,扑救水溶性液体火灾时应采用抗溶性泡沫灭火器。

2. 干粉灭火器

干粉灭火器是一种高效灭火器,主要用来扑救可燃液体、可燃气体和电气设备的初期火灾,不宜扑救高精密电子仪器及贵重设备火灾,对 A 类火灾要防止复燃。干粉灭火器的结构由筒体、瓶头开启装置和喷枪等部件构成,具有多种含量规格,有效喷射距离为 3~5 m,使用温度范围为 10~55 ℃。干粉灭火器使用时将灭火器上下翻转几次,使筒内干粉松动,并选择上风有利地形,拔出保险销,一手抓住喷筒,另一手按下压把,让喷筒对准火焰根部左右横扫并快速向前推进,直至将火扑灭。若是使用外置胆瓶式干粉灭火器,则应先启动驱动气瓶,然后一手提住手柄,另一手按下喷枪手柄,使干粉喷出,并让喷枪对准火焰根部左右横扫并快速向前推进,直至将火扑灭。扑救油池火灾时,不要冲击油面,以防飞溅;喷嘴应对准火焰根部,来回摆动横扫火焰区,并由近而远向前推进;扑救室内火灾时应防止窒息。

3. 二氧化碳灭火器

二氧化碳灭火器主要适用于扑救可燃液体、气体和电气设备的初期火灾,特别适用于扑救电子计算机、精密仪器、贵重设备及档案资料的初期火灾,扑救 A 类火灾时应防复燃。二氧化碳灭火器的结构由钢瓶、瓶头阀和喷筒等组成,有效喷射距离为 1.5~2 m。使用时,检查灭火器后,提灭火器到火场,选择上风位置,拔下保险销,一手握住手柄,另一手按下压把,让喷筒对准火焰根部来回扫射,直至将火扑灭。使用时注意灭火器应保持直立;不要用手握住喷筒,防止冻伤,且轻拿轻放;扑救室内火灾时应防止窒息,在封闭的舱室施放二氧化碳必须佩戴空气呼吸器以防自身窒息;扑救普通的非带电火灾一般距离为 1.5 m 左右,扑救电器火灾不要靠得太近(特别是高压电器火灾),喷射应该对着电气设备的火源。发生电器火灾,必须尽快切断电源,以免产生触电以及火灾复燃的危险;对气体火灾和室外火灾,二氧化碳灭火器效果较差,不能与水同时使用;二氧化碳灭火器一经使用后,即使没有完全用空,也必须重新装填二氧化碳。

2.3.5　火场逃生方法

火场逃生要根据火场火势的大小、被困人员所处的位置等情况选用不同的逃生方法。火场逃生应遵循以下原则。

1. 立即离开危险区域

一旦在火场上发现或意识到自己可能被烟火围困,生命受到威胁,要立即放下手中的工作,争分夺秒,设法脱险,切不可延误逃生良机。脱险时,应尽量观察,判明火势情况,明确自己所处环境的危险程度,以便采取相应的逃生措施和方法。

若隔门房间内已经着火,如果将关闭的房门贸然打开,那么往往会遭到猛烈高温与浓烟的袭击,这样不仅无法外逃而且不能重闭房门,反而引火入室。要判断隔门房间的着火情况,一般可通过以下一些途径。①当手感到门面有升温时,表示隔门已发生严重火患。手摸门面确定是否升温应以离地面越高越好。离开门的周边来感觉门面温度,对空心金属门甚为有效。但对绝热性金属防火门和实心木板门却无效,所以有时冷的门面并不能保证隔门无患。②查看有无烟气从门缝中流入是很有效的方式,大部分的烟气应是从门的上部流入。但当受房屋通风系统运转或装上耐火的硬质门缝封闭装置时,单靠烟气来确定火患威胁也并不都是可靠的。当门面暴露在火焰中 1 min 以内时,金属门把的臼底部即可感到升温,所以用手接触全金属贯穿门上把手臼底部是否升温来察觉隔门有无火情,这通常是一个有效可靠的方法。

2. 选择简便、安全的通道和疏散设施

应根据火势情况,优先选择最简便、最安全的通道和疏散设施,优先选择疏散楼梯、普通楼梯。切记不可选择电梯逃生。在公共场所的墙面上、顶棚上、门顶处、转弯处,要设置安全通道指示标识以及逃生方向箭头、事故照明灯等消防标志和事故照明标志。被困人员看到这些标志时,马上就可以确定自己的行为,按照标志指示的方向有秩序地撤离逃生。着火后,应沿烟气不浓、大火尚未烧及的楼梯,应急疏散通道,楼外附设敞开式楼梯等往下跑,一旦在下跑的过程中受到烟火或人为封堵,应从水平方向选择其他通道,或临时退守到房间及避难层内,并争取时间,进而采用其他方法逃生。

当楼房突然发生火灾时,首先要强令自己保持镇静,切不可惊慌失措,以免做出错误决断而贸然跳楼。选择逃生的路线要注意：朝指示标志所指方向迅速撤离；若在楼梯上，应选择往下跑；若被火挡住，要通过就近窗口或阳台等往外逃生。应根据火灾发生时的风向确定逃生方向，迅速逃到火场上风处躲避火焰和烟气，同时也可获得更多逃生时间。由于有些建筑装饰采用塑料、人造纤维等易燃化工材料，燃烧后散发出有毒气体，并以人奔跑速度的4~8倍迅速蔓延，加之高温烟气及毒气比空气轻，首先是上升充满屋顶后再往下沉，在离地面0.9 m地方的空气一般比较清洁、少烟且含氧量较多，所以宜弯腰快速跑离，避免被毒烟熏倒而窒息。

　　3. 准备简易防护器材

　　火场逃生往往要经过充满烟雾的路线才能离开危险区域。应用浸湿过的棉被（或毛毯、棉大衣）盖在身上，确定逃生路线，用最快的速度直接穿越小火区并冲到安全区域，但千万不能用塑料雨衣等易燃可燃化工产品作为保护。建筑物内的火灾蔓延主要是通过门和窗，在室内发现外边着火但无法冲出去的时候，应赶快用毛毯等织物钉或夹在门窗上，并不断往上浇水冷却，以防止外部火焰及烟气侵入，从而达到控制火势蔓延速度、争取逃生时间的目的。当人员被烟雾围困时，可以把日常生活中的毛巾顺手拿来折叠6~8层并浸湿后蒙口鼻保护，这样可减少60%的烟雾和毒气吸入。在穿过烟雾时一刻也不能将毛巾从口和鼻子上拿开，即使只吸一口，也会感到不适，心慌意乱，丧失逃生信心。如果火灾时安全通道被堵，救援人员又不能及时赶到，在情况万分危急时，可迅速利用身边的绳索逃生。将绳索浇水后一端紧拴在窗框、管道或其他负载物体上，另一端沿窗口下垂至地面或较低的楼层窗口、阳台处，顺绳下滑逃生。紧急情况下，找不到现成的绳索，可以将室内的窗帘、床单、被罩系在一起作为安全绳索也能顺利逃生。限于长度难以到达地面，可借助它转移至下一层，逃离起火层。

2.4　危险化学品的使用安全

2.4.1　危险化学品的分类

　　危险化学品具易燃易爆性、腐蚀性、毒性。虽然危险化学品存在潜在危害，但只要了解其性质，并建立健全各类规章制度，加强安全与防护教育，就能降低危险化学品的危害性。

　　根据《危险货物分类和品名编号》（GB 6944—2012），危险化学品的分类见表2-2。

表 2-2　危险化学品分类

分类序号	GB 6944—2012 分类
第 1 类	爆炸品
第 2 类	气体
第 3 类	易燃液体
第 4 类	易燃固体、易于自燃的物质、遇水放出易燃气体的物质
第 5 类	氧化性物质和有机过氧化物
第 6 类	毒性物质和感染性物质
第 7 类	放射性物质
第 8 类	腐蚀性物质
第 9 类	杂项危险物质和物品,包括危害环境物质

2.4.2　危险化学品的存放原则

危险化学品应存放于专门的药品存储空间,不同性质的化学品有不同的存放要求。

易挥发药品应远离热源、火源,于避光阴凉处保存,保持通风良好,且不能装满。这类药品多属一级易燃物、有毒液体。对这类药品贮存要加以特别注意,最好保存在防爆冰箱内,家庭冰箱指示灯、恒温控制开关、马达启动都可能打火,因此使用家庭冰箱时,不要连接内指示灯,并将冰箱放在宽阔通风良好处,这样冷冻机排出的热气便易于散开。存放易燃物的地方应挂有易燃物标志和不准吸烟的牌子。存放易燃物的室内应通风良好,但是室内不应有排风扇,存放附近应有灭火器材及处理洒出药物的器材。

腐蚀性液体应放于底层,以免不慎跌下、洒出而发生事故。能产生有毒气体或烟雾的药品应存于通风橱中。

剧毒药品、致癌药品、易制毒易制爆药品应有专门的药品柜,药品柜应贴有明显标志,不用时应将柜锁上并实行双人双锁管理。

互相作用的药品,例如乙醚与高氯酸,苯与过氧化氢,丙酮与硝基化合物,应隔离存放。

特别保存的物品,例如金属钠、钾等碱金属贮存于煤油中,黄磷贮存于水中。上述两种药物,很易混淆,要隔离贮存。苦味酸,湿保存,要时常检查是否放干了。镁、铝(粉末或条片),避潮保存,以免积聚易燃易炸氢气。吸潮物、易水解物,贮存于干燥处,封口应严密。易氧化、易分解物,如卤化银、浓硝酸、过氧化氢、硫酸亚铁、高锰酸钾、亚硫酸钠应存于阴凉暗处,用棕色瓶盛装或瓶外包黑纸。但双氧水不要用棕色瓶(有铁质促使分解)装,最好用塑胶瓶盛装,外包黑纸。苯乙烯、乙酸乙烯酯应放在防爆冰箱里保存。铅被加热到 400 ℃以上就有大量铅蒸气逸出，在空气中迅速氧化为氧化铅，形成烟尘，易被人体吸入，造成铅中毒。

打开氨水、硝酸、盐酸等药品瓶封口时，应先盖上湿布，用冷水冷却后再开瓶塞，以防溅出，尤其在夏天更应注意。

放射性物品未经辐射物质管理部门批准，不得存放使用。

2.4.3　危险化学品易燃易爆性及使用安全

危险化学品的易燃易爆性主要来自易燃气体、有机液体以及受热后与氧化剂接触发生剧烈化学反应引起燃烧的固态化学品。一般化学品燃烧爆炸都具有扩散性、毒性、热分散性。由于化学品是在受热后才发生燃烧，流动性提高，和空气中氧接触的机会就多，燃烧也就愈加剧烈，尤其是固体物质可悬浮在空气中，燃烧后会有爆炸的危险。大部分化学品燃烧后会产生有毒性的物质，并且燃烧过程中分解的物质通常会加速燃烧过程的进行，增加爆炸的危险性。

在使用易燃易爆类化学品时，应特别注意化学品的储存和操作环节。一般易燃易爆化学品应储存在有专门的防爆设计的化学品柜中。使用时，轻拿轻放，严格按照操作规程进行操作，化学品附近严禁明火、电火花产生。

2.4.4　危险化学品腐蚀性及使用安全

化学品的腐蚀性是指能够腐蚀人体、金属和其他类物质的性质。腐蚀性的特性通常为氧化性、遇水发热性、毒害性、燃烧性。例如浓酸、过氧化氢、漂白粉等都是氧化性很强的物质，它们与还原性物质或有机物接触时会发生强烈的放热甚至燃烧现象。有些腐蚀性化学品遇水放出大量热，会造成人体灼伤。此外，许多腐蚀性化学品不但本身具有毒性、易燃，而且会形成蒸气蔓延至实验空间各处。

腐蚀性物质接触人的皮肤、眼睛或进入人的肺部、食道等会对表皮细胞组织产生破坏作用而造成灼伤，灼伤后常引起炎症，甚至造成死亡。固体腐蚀性物质一般直接灼伤表皮，而液体或气体状态的腐蚀性物质会很快进入人体内部器官。

存放腐蚀性物品时应避开易被腐蚀的物品，注意其容器的密封性，并保持实验室内部的通风。装有腐蚀性物品的容器必须采用耐腐蚀的材料制作。例如，不能用铁质容器存放酸液，不能用玻璃器皿存放浓碱液等。使用腐蚀性物品时，要仔细小心，严格按照操作规程在通风柜内操作。酸、碱废液应经过处理达到安全标准后才能排放。若不慎将酸或碱溅到皮肤或衣服上,可用大量水冲洗。

2.4.5　危险化学品毒性及使用安全

化学品的毒性可以通过皮肤吸收、消化道吸收及呼吸道吸收等三种方式对人体健康产生危害。危险化学品的毒性大小或作用特点,与其化学结构、理化性质、剂量(或浓度)、环境条件以及个体敏感性等一系列因素有关。在一般条件下,毒物常以一定的物理形态(即固体、液体或气体的形式)存在,但在危险化学品的生产、使用、储存等过程中,还可以呈现为粉尘、烟尘、雾、蒸气等形态。一般来说,空气中毒物的浓度越高,接触时间越长,防护越不严,就越容易造成中毒。

在使用化学品之前应全面了解其毒性,严格按照规章制度和操作流程进行操作和处理,并有针对性地采取防护手段。实验室内应保持空气新鲜,确保自然通风和机械通风的正常运转。对于通风橱、换气扇等设施,要防止进风口与出风口短路。对于有空调设备的房间,应定时经常换气,防止有毒气体浓度上升。在实验时,要做好个人防护,应穿戴好防护服、口罩、面罩、眼罩、手套等防护设备。另外,实验人员也应养好良好的卫生习惯和掌握必要的自救方法,防止有害物通过皮肤、口腔、消化道进入身体。

2.5　气体钢瓶的使用安全

高压气体钢瓶的主要危险是钢瓶可能爆炸和漏气。若钢瓶受日光直晒或靠近热源,瓶内气体受热膨胀,以致压力超过钢瓶的耐压强度,容易引起钢瓶爆炸。使用气体钢瓶前,应对钢瓶进行检查,按照钢瓶外表油漆颜色、标识等正确识别气体种类。我国有关部门规定,气体钢瓶必须按照规定进行漆色,标注气体名称,具体见表2-3。

表 2-3　气体种类与钢瓶颜色

气体种类	钢瓶颜色
氧气	淡(酞)蓝
氢气	淡绿
氮气	黑
二氧化碳	铝白
氨气	淡黄

钢瓶上要有钢瓶帽和橡胶安全圈,搬运钢瓶时,应严防钢瓶摔倒或受到撞击,以免发生意外爆炸事故。气体钢瓶要固定好,必须牢靠地固定在架子上、墙上或实训台旁,防止滚动或跌倒。为确保安全,最好在钢瓶外面装置橡胶防震圈。高压气瓶钢瓶应避免暴晒及强烈振动,并远离火源。液化气体钢瓶使用时一定要直立放置,禁止倒置使用。绝不可把油或其易燃性有机物黏附在钢瓶上(特别是出口和气压表处);也不可用麻、棉等物堵漏,以防燃烧引起事故。钢瓶上一定要用气压表,而且各种气压表一般不能混用。一般可燃性气体的钢瓶气门螺纹是反扣的(如 H_2,C_2H_2),不燃性或助燃性气体的钢瓶气门螺纹是正扣的(如 N_2,O_2)。使用钢瓶时,应缓慢打开上端阀门,不能猛开阀门,也不能将钢瓶内的气体全部用完,当钢瓶使用到瓶内压力为 0.5 MPa 时,应停止使用。压力过低会给充气带来不安全因素,当钢瓶内压力与外界压力相同时,会造成空气的进入。开关高压气瓶瓶阀时,应用手或专门扳手。开启钢瓶阀门及调压时,人不要站在气体出口的前方,头不要在瓶口之上,而应在瓶的侧面,以防钢瓶的总阀门或气压表被冲出而伤人;应在气瓶直立的情况下,缓缓旋开瓶阀。气体必须经减压阀减压,不得直接放气,不经这些部件让系统直接与钢瓶连接是十分危险的。气瓶在使用过程中,若有严重腐蚀或其他严重损伤应提前检验。装有毒性气体的气瓶还应定期进行技术检验和气密性检验。

2.6　机械设备的使用安全

机械设备的使用安全包含两层含义:一是机械设备本身应符合安全要求;二是机械设备的操作者在操作时应符合安全要求。

2.6.1　机械设备伤害的种类

机械设备的伤害指机械设备与机械工具引起的绞、辗、碰、割、戳等人身伤害事故。如机械零部件、工件飞出伤人,切屑伤人,人的肌体或身体被旋转机械卷入,脸、手或其他部位被刀具碰伤等。在生产作业中,机械设备的操作者与机械设备的某个局部发生接触,形成一个协调的运动状态。当这个状态的两个方面都处于良好时,发生事故的可能性就小。如果这个状态的某一方面出现非正常的情况,就有可能发生互相冲突而造成绞、辗、碰、割、戳等工伤事故,使操作者受到伤害,或使机械设备损坏。一般说来,各种机械采用安全技术措施后,只要遵守安全操作规程,大多是不会发生伤害事故的;但是如果在工作中违章作业、粗心大意,往往会造成工伤事故。

机械设备伤害主要是由机械零部件作旋转和直线运动时造成的伤害。机械设备零部件作旋转运动时造成的伤害,其主要形式是绞伤和物体打击伤害。绞伤一般有下列几种:①直接绞伤手部,如外露的齿轮、带轮等直接将手指,甚至整个手部绞伤或绞掉;②将操作者的衣袖、裤脚或者穿戴的防护用品(如手套、围裙等)绞进去,随之绞伤人,甚至将人绞死;③将女生的长发绞进去,例如车床上光杠、丝杠等绞住女生长发的事故是不少的。物体打击伤害一般有下列几种:①旋转的零部件由于其本身的强度不够或者装卡不牢固,从而在旋转运动时甩出去,将人击伤;②在可以旋转的零部件上,摆放未经固定的东西,零部件在旋转时由于离心力的作用,将东西甩出伤人。

机械设备的零部件作直线运动时造成事故主要有:①冲床、锻锤造成的压伤;②具有一定位能的零部件掉下造成的砸伤;③作直线运动的零部件,将人身某部位挤住而造成的挤伤。除此以外,还有刃具造成的伤害、手用工具造成的伤害以及机械设备造成的其他伤害,如机械设备使用时发出的强光、高温、化学能、辐射能及尘毒危害等。

2.6.2　机械设备伤害预防与救治

为防止机械设备伤害事故,机械设备的操作人员必须经过专门培训,明了机械设备的基本结构、性能和用途,熟悉机械设备的操作,做到会使用、会检查、会排除故障,方可单独操作。操作人员操作时应集中精神,不得擅自离开岗位,离开设备时必须停机,停机后必须确认其惯性运转彻底消除后才可离开。机械设备启动前、工作中及工作完毕后,均要检查设备各部位,以便发现故障并及时排除。

机械设备伤害人体最多的部位是手,因为手在劳动中与机械设备接触最为频繁。发生断手、断指等严重情况时,对伤者伤口要进行包扎止血、止痛和半握拳状的功能固定。对断手、断指应用消毒或清洁敷料包好,忌将断指浸入酒精等消毒液中,以防细胞变质。将包好的断手、断指放在无泄漏的塑料袋内,扎紧袋口,在袋周围放冰块或冰棍,并速随伤者送医院抢救。发生头皮撕裂伤可采取以下急救措施:①及时对伤者进行抢救,采取止痛及其他对症措施;②用生理盐水冲洗有伤部位,涂红汞后用消毒大纱布块、消毒棉花紧紧包扎,压迫止血;③使用抗菌素,注射抗破伤风血清,预防感染;④送医院进一步治疗。

2.7　护具的使用

国家相关法规明确规定,在化学品使用过程中必须佩戴防护用品。实验室常配有的实验护具有手套、护目镜、口罩、喷淋洗眼器等。

1. 手套

在进行实验操作或处理有危险、性质不明的物质时,应根据操作的特点佩戴防护手套。实验室常用的手套有:①一次性手套:用于保护使用者和被处理的物体,适用于对手指触感敏感要求高的工作;②化学防护手套:用于防止化学浸透;③织布手套:防止切割伤害;④一般用途手套:防磨损、刺穿、切割等,适用于搬运、处理物品等;⑤防热手套:隔热,用于高温工作环境。

2. 护目镜

实验时,由于化学品泄漏极易造成人体受伤,特别是眼部,如果有液体喷入眼睛,后果不堪想象。护目镜主要用于防御有刺激或腐蚀性的溶液对眼睛的化学损伤,可选用普通平光镜片,镜框应有遮盖,以防溶液溅入,通常用于实验室、医院等场所,一般医用眼镜即可通用。

3. 口罩

实验室内常用口罩有防毒面具和活性炭口罩。

防毒面具主要用来阻断经呼吸道产生毒性的气体,凡是会有毒气、粉尘、细菌、有毒有害气体或蒸气等有毒物质侵害人体健康的地方均可使用,对于生物毒剂的防护,也有一定的作用。滤毒罐作为防毒面具的核心部件,其内部装填的滤毒材料直接影响面具的防护性能。

活性炭口罩是通过口罩里面活性炭层的滤料进行过滤,主要以活性炭纤维布和活性炭颗粒两种形式为主。活性炭口罩的活性炭过滤层的主要功用在于吸附有机气体、恶臭及毒性粉尘,并非单独用于过滤粉尘,过滤微细粉尘主要是靠超细纤维静电过滤布,也就是我们通常所说的无纺布和熔喷布配合使用。活性炭口罩具备防毒和防尘的双重效果,因其经济实惠性,成为大部分实验室的理想之选。使用活性炭口罩时需注意以下事项:①在戴口罩的过程中最好不要反复地脱卸,以免影响口罩的密封性,造成口罩内部的污染;②非常时期或在恶劣环境下建议 4 h 换一次,且保持一次性使用(如强疫情强污染);③一次性活性炭口罩的结构内外一致,防吸防呼均可使用,但禁止在一氧化碳气体中使用;④特别要注意一次性活性炭口罩不要在化学有毒气体浓度很高的场所或密闭不通风的场所使用。

4. 喷淋洗眼器

喷淋洗眼器包括喷淋装置和洗眼器,如果化学品等有毒有害的液体或者固体微粒等伤到了眼睛,应该及时用洗眼器进行冲洗。喷淋洗眼器使用流程如下。

(1)打开防尘盖。

(2)打开洗眼器的喷头,用大量清水冲洗,冲洗时间建议在 15 min。

(3)用完后将手推阀复位并将防尘盖盖好。应注意洗眼器只能缓解眼睛的伤害,冲洗后应及时就医接受进一步的检查和治疗。

如果化学品等有毒有害的液体或者固体微粒等喷溅到防护服或者皮肤上,应该及时用复合式洗眼器的喷淋头冲洗,使用流程如下。

(1)用手向下拉阀门拉杆,水从喷淋头自动喷出。

(2)站到复合式洗眼器喷头的下方,用大量清水冲洗全身。

(3)使用完之后,必须将手拉杆向上推,将手拉杆复位,以便下次使用。

第3章 化工实验数据的测量

测量分为直接测量和间接测量。由仪器、仪表直接读出数据的测量称为直接测量。基于直接测量得到的数据按一定函数关系式计算求得结果的测量称为间接测量,化工实验及生产中多数测量为间接测量。为了取得可靠的数据,需要合理正确地选用测量仪器仪表,本章介绍化工原理实验中常用的测量方法。

3.1 化工测量仪表基本知识

在工业生产领域,常利用测量仪表实现数据采集。一般来说,检测仪表与显示仪表配合组成测量仪表。通过检测仪表获取被测对象的信息,并将被测参数的大小成比例地转化为其他信号,测量得到的相关参数需要通过显示仪表显示。

3.1.1 测量仪表的技术性能指标

1. 量程、精度与精度等级

测量仪表的测量范围就是仪表的量程。选用仪表应对测量范围有一个大致的判断,若仪表的量程过大,会出现测量不灵敏的现象,从而造成较大的测量误差。反之,若量程较小,测量值将会超过仪表的量程而损坏仪表。使用仪表时,尽可能在仪表满刻度值三分之二以上量程内进行测量。

测量值接近真实值的程度称为精度。量程和绝对误差是影响精度的重要因素。测量仪表的精度常用正常规定条件下最大的或仪器允许的相对百分误差表示:

$$\delta = \frac{|x_{测} - x_{标}|}{量程上限值-量程下限值} \times 100\% \tag{3-1}$$

式中 δ ——相对百分误差;

$x_{测}$ ——被测量物理量的测量值;

$x_{标}$ ——用高精度等级测量得到的测量值,称为被测物理量的标准值;

$|x_{测}-x_{标}|$ ——测量值绝对误差的最大值。

正常规定条件是指仅在重力场下,环境温度为(25 ± 10)℃、大气压力为(100 ± 4)kPa、大气相对湿度为(65 ± 15)%,且无振动。若不在该条件下工作,外界条件变动会引起额外的误差,称为附加误差。

相对百分误差去掉"%"号便可以确定仪表的精度等级。目前,常用的精度等级有 0.005、0.02、0.05、0.1、0.2、0.5、1.0、1.5、2.5 和 4.0 等。例如,某仪器的精度等级为 4 级,则表明该仪器最大相对百分误差不会超过4%。精度等级是衡量仪表优劣的重要指标,精度等级数值越小,仪表的精度等级越高。仪器的精度等级一般会标注在仪表面板上,若仪器的面板上没有给出精度等级,可按如下公式确定:

$$精度等级 = \frac{0.5 \times 测量仪表最小分度所代表的数值}{量程} \qquad (3\text{-}2)$$

2. 灵敏度与灵敏限

灵敏度是测量仪表的输出量增量与被测输入量增量之比。线性测量仪表的灵敏度就是拟合直线的斜率。非线性测量仪表的灵敏度不是常数,是输出对输入的导数,在静态条件下是仪表的输出变化与输入变化的比值,即

$$S = \frac{\Delta \alpha}{\Delta x} \qquad (3\text{-}3)$$

式中　S——仪表的灵敏度;

　　　$\Delta \alpha$——仪表的输出变化值;

　　　Δx——被测参数变化值。

仪器的灵敏限是指能够引起仪表输出变化的被测参数的最小(极限)变化量。一般仪表灵敏限的数值应不大于仪表最大绝对误差的二分之一。选择仪表时,灵敏限应满足

$$灵敏限 \leqslant \frac{精度等级}{2 \times 100}(量程上限值 - 量程下限值) \qquad (3\text{-}4)$$

灵敏限过低会使得仪表造价过高,在测量中不经济。

3. 线性度

线性度又称非线性误差,表征线性刻度仪表的输出量与输入量的实际校准曲线与理论直线的吻合程度。通常用相对误差来表示线性度,即

$$\delta_L = \pm \frac{\Delta L_{\max}}{Y_{\text{F.S.}}} \qquad (3\text{-}5)$$

式中　δ_L——仪表的线性度;

　　　$\Delta L_{\max}$——输出值与拟合直线之间的最大差值(非线性误差);

$Y_{F.S.}$——理论满量程输出值。

4. 回差

回差是用于表征测量仪表在正（输入量增大）反（输入量减小）行程过程中输入－输出曲线的不重合程度的指标。

回差也称变差，指在仪表全部测量范围内，被测量值上行和下行所得到的两条特性曲线之间的最大偏差。其通常采用在相同的输入量下，正反行程输出的最大差值 ΔH_{max} 计算，并以相对值表示，即

$$\delta_H = \pm \frac{\Delta H_{max}}{Y_{F.S.}} \qquad (3\text{-}6)$$

式中　δ_H——仪表的回差；

　　　ΔH_{max}——正反行程输出的最大差值；

　　　$Y_{F.S.}$——理论满量程输出值。

5. 重复性与稳定性

重复性是衡量测量仪表在同一条件下，输入量按同一方向作全量程连续多次变化时所得特性曲线之间一致程度的指标。各条特性曲线越靠近，重复性越好，说明仪表越可靠。

稳定性又称长期稳定性，即测量仪表在相当长时间内仍保持其性能的能力。稳定性一般以室温下经过某一规定的时间间隔后，传感器的输出与起始标定时的输出之间的差异来表示。

6. 反应时间

当被测量参数发生变化时，仪表指示值总是要经过一段时间后才能准确地显示出来，这段时间称为反应时间。反应时间是用来衡量仪表能否尽快反映出参数变化的品质指标。仪表的反应时间有不同的表示方法。输入信号发生阶跃变化时，输出信号逐渐变化到新的稳态值。仪表的输出信号由开始变化到新稳态值的 63.2% 所用的时间可用来表示仪表的反应时间，也可以用变化到新稳态值的 95% 所用的时间来表示反应时间。

3.1.2　测量仪表的选用原则

在实际应用过程中，选择合适的测量仪表对组成测控系统十分重要。应先根据被测参数的实际情况，确定要选用仪表的类型；再根据工艺要求，选择合适的测量仪表型号。选择仪表型号时，应考虑以下几方面的要求：

（1）测量仪表的工作范围或量程足够大，且具有一定的抗过载能力；

（2）测量仪表的转换灵敏度高,同时测量仪表的线性度好;

（3）测量仪表的长期工作的稳定性好、稳定性高;

（4）测量仪表的适用性和适应性强,不易受外界干扰的影响;

（5）测量仪表的价格低,且易于使用、维修和校准。

3.2　压力(差)测量

化工实验及生产过程中所指的压力是一个重要的参数,测量流体的流速、流量和流动阻力等参数,本质上是压力的测量。流体压强的测量可分为流体静压测量和流体总压测量。新的压差计在出厂之前要进行校验,以鉴定其技术指标是否符合规定的精度。当压力计使用一段时间以后,也要进行校验,目的是确定其是否符合原来的精度,如果确认误差超过规定值,就应该对该压力计进行检修,经检修后的压力计仍需进行校验,合格后才能使用。

3.2.1　液柱式压差计

液柱式压差计的测量原理是依据流体静力学方程,将被测压力转换成液柱高度进行测量。这种压差计结构简单、使用便捷,但是测量范围较窄,适用于测量低压或真空度。

1.U 形管压差计

U 形管压差计的结构如图 3-1 所示,常用作标准压差计。

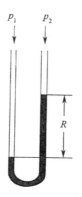

图 3-1　U 形管压差计结构

U 形管压差计管内装有指示液,常用的指示液有水、水银、酒精、煤油等,其一端与设备或管道相连,另一端与大气相通,此时的读数表示管道中某截面处流体的绝对压强与大气压强之差,即表压强。根据流体静力学方程,若 U 形管两端的压力不同,两边液面便会产生高度差 R。压力差的计算方法如下:

$$p_1+Z_1\rho g+\rho gR=p_2+Z_2\rho g+\rho_0 gR \tag{3-7}$$

当被测管水平放置时,$Z_1=Z_2$,式(3-7)简化为

$$\Delta p=p_1-p_2=(\rho_0-\rho)gR \tag{3-8}$$

式中　ρ_0——U 形管内指示液的密度,kg/m³;

　　　ρ——管路中流体的密度,kg/m³;

　　　R——U 形管指示液两边的液面差,m。

U 形管压差计的零点在标尺中间,使用前不需校正。

2. 单管式压差计

在 U 形管压差计的基础上,用一个大直径的容器代替 U 形管压差计的一根管,就成为单管式压差计,也可用作标准压差计,其结构如图 3-2 所示。

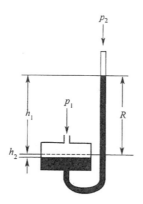

图 3-2　单管式压差计结构

单管或压差计容器的直径与管径之比一般大于或等于 20∶1。若存在压差,细管一边的液柱从平衡位置升高 h_1,容器中指示液下降 h_2,下降和上升的液体体积相同,且容器直径远大于管径,可以忽略容器指示液下降高度 h_2。因此,读数时只读液柱上升高度即可。压差计算公式为

$$\Delta p=\rho gR \tag{3-9}$$

式中　ρ——指示液的密度,kg/m³;

　　　R——指示液两边液面差,m。

测量时需注意,其压强较大侧接在容器一端。若要准确测量,因测量时左边容器内液面略有下降,所以须对 R 进行校正,方法如下:

$$R'=R+h_2=R+\left(\frac{d}{D}\right)^2 R \tag{3-10}$$

式中　D——容器的直径,mm;

d——管子的直径,mm;

R——容器液位不下降时标尺的读数,mm;

h_2——容器内液面下降的高度,mm;

R'——校正后的标尺读数数值,mm。

3. 倾斜式压差计

倾斜式压差计是在 U 形管压差计与单管式压差计的基础上,使玻璃管与水平方向形成 α 的倾斜角度,$\alpha<15°$ 时通过改变 α 大小改变测量范围,其结构如图 3-3 所示。

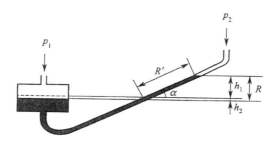

图 3-3　倾斜式压差计结构

此类压差计一般用于压差小且高度差 h_1 不超过 200 mm 的场合,压差计算方法为

$$\Delta p = \rho g R \sin \alpha \qquad (3-11)$$

式中　ρ——指示液的密度,kg/m³;

R——指示液两边液面差,m;

α——玻璃管与水平方向形成的倾斜角度,°。

4. 倒 U 形压差计

倒 U 形压差计结构如图 3-4 所示。

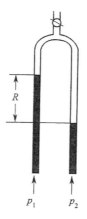

图 3-4　倒 U 形压差计结构

此类压差计的指示剂为空气,也用于测量压差较小的场合,操作原理与 U 形管压差计相同,压差按下式计算:

$$\Delta p=p_1-p_2=(\rho-\rho_{空气})gR\approx\rho gR \tag{3-12}$$

式中 ρ——指示液的密度,kg/m³;

$\rho_{空气}$——空气的密度,kg/m³;

R——U 形管指示液两边液面差,m。

5. 双指示液微压差计

双指示液微压差计的结构如图 3-5 所示,该压差计一般用于测量气体压差的场合。微压差计的主体仍是 U 形玻璃管,两侧的顶部增设两个扩大室,扩大室内径与 U 形管内径的比值一般大于 10。管内装有密度相近但互不相溶的指示液 A 和 C,而指示液 C 与被测流体 B 亦互不相容,且 $\rho_A>\rho_B>\rho_C$。工业上常用石蜡和工业酒精作指示液。由于扩大室的截面积远大于 U 形管的截面积,即使 U 形管内指示液 A 的液面差很大,两扩大室内指示液 C 的液面差也很小,基本可认为等高。由流体静力学方程,压差可按下式计算:

$$\Delta p=p_1-p_2=(\rho_A-\rho_C)gR \tag{3-13}$$

由式(3-13)可知,只要两种指示液 A 与 C 的密度差足够小,就能使读数 R 达到较大的数值。

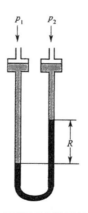

图 3-5 双指示液微压差计结构

3.2.2 弹性压力计

弹性压力计是利用各种形式的弹性元件在被测介质压力的作用下产生弹性变形的原理而制成的测压仪表。常用的弹性元件有弹簧管、波纹管、波纹膜片等。这里以弹簧管压力表为例进行介绍。弹簧管压力表的结构如图 3-6 所示。

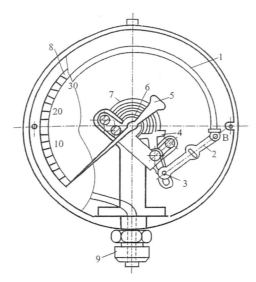

图 3-6　弹簧管压力表结构

1—弹簧管;2—拉杆;3—调整用螺钉;4—扇形齿轮;5—指针;6—中心齿轮;7—游丝;8—面板;9—接头

弹簧管压力表主要组成部分为一弯成圆弧形的弹簧管,管的横切面为椭圆形。作为测量元件的弹簧管一端固定起来,并通过接头与被测介质相连;另一端封闭,为自由端,该自由端和连杆与扇形齿轮相连,扇形齿轮又和中心齿轮啮合组成传动放大装置。弹簧管压力表的敏感元件(波登管、膜盒、波纹管)产生弹性形变,通过表内机芯的转换机构将这种形变传到至指针并引起指针的转动从而显示压力数值。

弹簧管压力表的安装位置应符合安装状态的要求,表盘一般不应水平放置,安装位置的高低应便于工作人员观测;压力表安装处与测压点的距离应尽量短,并保证完好的密封性,不能出现泄漏现象;在安装的压力表前端应有缓冲器;为便于检验,在仪表下方应装有切断阀;当介质较脏或有脉冲压力时,可采用过滤器、缓冲器和稳压器等。

3.2.3　压力传感器

压力传感器是一种能对压力信号进行传输及显示的仪表。由于其可以远传压力信号,并与计算机联用,从而实现集中检测和控制,因此在工业生产过程中可实现集中检测和控制。压力传感器的测量范围较广,允许误差可达 0.2%。常用压力传感器有应变片式、电容式和压阻式。

应变式压力传感器是压力传感器中应用比较多的一种传感器,它一般用于测量较大的压力,广泛用于测量管道内部压力,内燃机燃气的压力、压差和喷射压力,发动机和导弹实验中的脉动压力,以及各种领域中的流体压力等。应变式压力传感器的工作原理是吸附在基体材料上的应变电阻随机械形变而产生阻值变化,即产生电阻应变效应。以金属丝应变电阻为例,当金属丝受外力作用时,其长度和截面面积都会发生变化,其电阻值也会发生改变。假如金属丝受外力作用而伸长(压缩)时,其长度增加(减小),而截面面积减小(增大),电阻值便会增大(减小),通过桥式电路测量电阻两端相应的电势输出,并用毫伏计或其他记录仪表显示出被测压力。电容式压力传感器一般采用圆形金属薄膜或镀金属薄膜作为电容器的一个电极,当薄膜感受到压力而变形时,薄膜与固定电极之间形成的电容量发生变化,通过测量电路即可输出与电压成一定关系的电信号。电容式压力传感器属于极距变化型电容式传感器,可分为单电容式压力传感器和差动电容式压力传感器。压阻式压力传感器是根据半导体材料的压阻效应在半导体材料的基片上经扩散电阻而制成的器件。其基片可直接作为测量传感元件,扩散电阻在基片内接成电桥形式,当基片受到外力作用而产生形变时,各电阻值将发生变化,电桥就会产生相应的不平衡输出。

3.3　流速 / 流量测量

流速和流量的测量在工业生产中占有重要的地位,可为管理和控制生产提供依据。本节介绍化工生产常用的测速管、孔板流量计、文丘里流量计、转子流量计和涡轮流量计。

3.3.1　测速管

测速管是一种变压头式流量计。这类流量计是基于流体的机械能相互转化的原理设计的,在使用时由一次装置和二次装置组成。一次装置为流量测量元件,安装在被测流体管道中,产生与流速 / 流量成比例的压力差。二次装置为显示仪表,接收测量元件产生的压差信号并转换成流速 / 流量信号进行显示。

测速管用于测出管道截面某一点上流体的速度,其结构如图 3-7 所示。

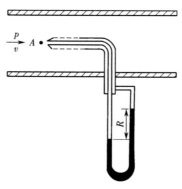

图 3-7　测速管结构

测速管由两根弯成直角的同心套管组成,在管路中与流体方向平行放置,内管管口敞开,正对着管道中流体流动方向,外管的管口是封闭的,但在外管侧壁距前端一定距离处开有若干测压小孔,流体以点速度 v 趋近测速管的前端,因内管中原已充满被测流体,故流体到达管口 A 处轴向速度降至零,根据伯努利方程,流体在 A 点处动能转为静压能,由内管传递出的压力相当于流体在 A 处的动能与静压能之和。将内管和外管分别接到 U 形管压差计的两侧,压差计将显出读数 R。根据读数 R 即可计算出测量点上的速度压头,计算公式为

$$v = \sqrt{\frac{2Rg(\rho_0 - \rho)}{\rho}}$$ （3-14）

式中　ρ——被测流体的密度,kg/m³;

　　　ρ_0——指示液的密度,kg/m³;

　　　R——U 形管指示液两边液面差,m。

若被测流体为气体,则

$$v = \sqrt{\frac{2Rg\rho_0}{\rho}}$$ （3-15）

由于干扰和流动阻力的影响,通常在计算公式前加一个校正系数,标准测速管的校正系数 $\xi = 0.98 \sim 1.0$。

在使用测速管时应注意:测速管的直径 d 不能大于管道直径 D 的 1/50;安置测量点时要求测试点上、下游的直管长度最好大于 50D;测速管管口截面与被测流体流动方向垂直;测试点尽量避开靠近拐弯、截面变化或有阀门的地方;应确保被测流体与管道的清洁,否则易造成堵塞。

3.3.2　孔板流量计

孔板流量计的结构如图 3-8 所示,在管路上装有一块孔板,孔板两侧接测压管,分别与 U 形管压差计相连接。孔板流量计是利用流体通过锐孔的节流作用,使流速增大、压强减小,从而造成孔板前后压强差,作为测量的依据。其计算公式为

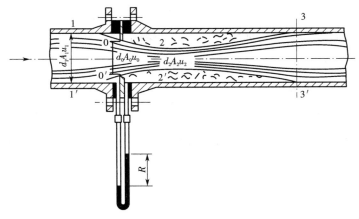

图 3-8 孔板流量计结构

$$V_{\mathrm{s}} = C_0 A_0 \sqrt{\frac{2Rg(\rho_{\mathrm{A}} - \rho)}{\rho}}$$ （3-16）

$$\omega_{\mathrm{s}} = V_{\mathrm{s}}\rho = C_0 A_0 \sqrt{2Rg\rho(\rho_{\mathrm{A}} - \rho)}$$ （3-17）

式中　V_{s}——被测流体的体积流量，$\mathrm{m^3/s}$；

　　　C_0——孔流系数，无量纲，通常取 0.6~0.7；

　　　A_0——孔板小孔截面面积，$\mathrm{m^2}$；

　　　R——指示剂高度，m；

　　　ρ_{A}——指示液的密度，$\mathrm{kg/m^3}$；

　　　ρ——被测流体的密度，$\mathrm{kg/m^3}$；

　　　ω_{s}——被测流体的质量流量，kg/s。

　　孔板流量计安装前应仔细核对标准孔板的编号、位号、规格是否与管道情况、流量范围等参数相符。在取压口附近标有"+"的一端应与流体上游管段连接，标有"−"的一端应与流体下游管段连接。对于新设管路系统，必须先经扫线后再安装标准孔板，以防管内杂物堵塞或损伤标准孔板。标准孔板的中心线应当与管道中心线同轴。

　　安装孔板流量计对管道有如下要求。

　　（1）孔板流量计安装时应配有一段测量管，至少保持前 DN10、后 DN5 的等径直管段，以提高测量精度。

　　（2）在孔板流量计前后若需安装阀门，最好选闸阀且在运行中全开，调节阀则应在下游 DN5 之后的管路中。

　　（3）引压管路的内径与管路长度和介质脏污程度有关，通常在 45 m 以内用内径为

8~12 mm 的管子。

（4）测量液体流量时,引压管水平段应在同一水平面内。若在垂直管道上安装节流件, 引压短管之间相距一定的距离(垂线方向),这对差压传感器的零点有影响,应通过"零点迁移"来校正。

3.3.3　文丘里流量计

在孔板流量计的基础上,为减少流体节流造成的能量损失,用一段渐缩渐扩的短管代替孔板就构成文丘里流量计,其结构如图 3-9 所示。

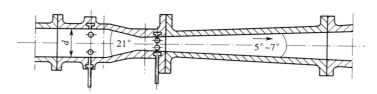

图 3-9　文丘里流量计结构

文丘里流量计流量计算公式为

$$V_s = C_V A_0 \sqrt{\frac{2(p_1 - p_0)}{\rho}} \qquad (3\text{-}18)$$

式中　　V_s——被测流体的体积流量,m³/s;

　　　　C_V——文丘里流量计的流量系数,无量纲,通常取 0.98~0.99;

　　　　A_0——孔板小孔截面面积,m²;

　　　　p_1-p_0——上游截面与喉管截面的压力差,kPa;

　　　　ρ——被测流体的密度,kg/m³。

3.3.4　转子流量计

转子流量计是根据节流原理测量流体流量的,但是它是通过改变流体的流通面积来保持转子上下的差压恒定,故又称为变流通面积恒差压流量计,也称为浮子流量计。它是工业上和实验室最常用的一种流量计,具有结构简单、直观、压力损失小、维修方便等特点,适用于测量通过管道直径 $D<150$ mm 的小流量,也可以测量腐蚀性介质的流量。转子流量计测量的基本误差为刻度最大值的 ±2% 左右。转子流量计结构如图 3-10 所示。

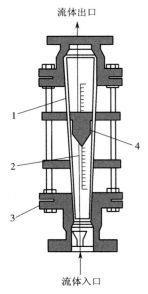

图 3-10 转子流量计结构

1—锥形玻璃管；2—刻度；3—盖板；4—转子

转子流量计由两个部件组成,一个是从下向上逐渐扩大的锥形管；另一个是置于锥形管中且可以沿管的中心线上下自由移动的转子。当测量流体的流量时,被测流体从锥形管下端流入,流体的流动冲击转子,并对它产生一个随流量大小而变化的作用力；当流量足够大时,所产生的作用力将转子托起,并使之升高。同时,被测流体流经转子与锥形管壁间的环形断面,这时作用在转子上的力有三个:流体对转子的动压力、转子在流体中的浮力和转子自身的重力。 转于流量计垂直安装时,转子重心与锥管管轴相重合,作用在转子上的三个力都沿平行于管轴的方向。当这三个力达到平衡时,转子就平稳地浮在锥管内某一位置上。对于给定的转子流量计,转子大小和形状已经确定,因此它在流体中的浮力和自身重力都是已知常量,唯有流体对浮子的动压力是随流体流速的大小而变化的。因此,当流体流速变大或变小时,转子将作向上或向下移动,相应位置的流动截面面积也发生变化,直到流速变成平衡时对应的速度,转子才在新的位置上稳定。对于一台给定的转子流量计,转子在锥管中的位置与流体流经锥管的流量的大小成对应关系。

转子流量计的流量计算公式为

$$V_{s} = \alpha A_{0} \sqrt{\frac{2gV_{f}(\rho_{f} - \rho)}{\rho A_{f}}} \qquad (3-19)$$

式中　V_{s}——被测流体的体积流量,m³/s；

　　　α——流量系数；

A_0——最大截面处环形通道面积，m^2；

V_f——转子的体积，m^3

ρ_f——转子的密度，g/m^3；

ρ——被测流体的密度，kg/m^3；

A_f——转子的截面面积，m^2。

转子流量计的流量与流量读数的关系是用水（对于液体）或空气（对于气体）在 20 ℃、标准大气压条件下标定的，即一般生产厂家是用密度 $\rho_{液标}$=998.2 kg/m³ 的水和密度 $\rho_{气标}$=1.205 kg/m³ 的空气标定的。若被测液体或气体介质的密度与标准液体或标准气体的密度不相等，则必须对流量标定值 $V_{液标}$ 或 $V_{气标}$ 按下式进行修正，才能得到测量条件下的实际流量值 $V_{液}$ 或 $V_{气}$。

对于液体：

$$V_{液} = V_{液标}\sqrt{\frac{(\rho_f - \rho_{液})\rho_{液标}}{(\rho_f - \rho_{液标})\rho_{液}}} \tag{3-20}$$

对于气体：

$$V_{气} = V_{气标}\sqrt{\frac{(\rho_f - \rho_{气})\rho_{气标}}{(\rho_f - \rho_{气标})\rho_{气}}} \approx V_{气标}\sqrt{\frac{\rho_{气标}}{\rho_{气}}} \tag{3-21}$$

为了能让转子流量计正常工作且能达到一定的测量精度，在安装转子流量计时要注意以下几点。

（1）转子流量计必须垂直安装在无振动的管道上，流体自下而上流过流量计，且垂直度优于 2°，水平安装时水平夹角优于 2°（现在有可水平安装的转子流量计）。

（2）为了方便检修和更换流量计、清洗测量管道，安装在工艺管线上的金属管浮子流量计应加装旁路管道和旁路阀。

（3）转子流量计入口处应有 5 倍管径以上长度的直管段，出口应有 250 mm 直管段。

（4）如果介质中含有铁磁性物质，应安装磁过滤器；如果介质中含有固体杂质，应考虑在阀门和直管段之间加装过滤器。

（5）当用于气体测量时，应保证管道压力不小于 5 倍流量计的压力损失，以使浮子稳定工作。

（6）为了避免由于管道引起的流量计变形，工艺管线的法兰必须与流量计的法兰同轴并且相互平行，管道支撑用以避免管道振动和减小流量计的轴向负荷，测量系统中控制阀应安装在流量计的下游。

（7）测量气体时,如果气体在流量计的出口直接排放大气,则应在仪表的出口安装阀门,否则将会在浮子处产生气压降而引起数据失真。

（8）带有液晶显示的仪表,要尽量避免阳光直射显示器,以免降低液晶使用寿命;带有锂电池供电的仪表,要尽量避免阳光直射及高温环境(≥ 65 ℃),以免降低锂电池的容量和寿命。

3.3.5　涡轮流量计

涡轮流量计是在动量矩守恒原理的基础上设计的速度式流量计,它具有测量精度高,对被测信号的变化反应灵敏等优点,在工业生产中应用广泛,其结构如图 3-11 所示。

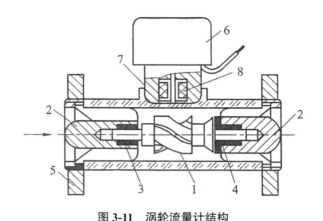

图 3-11　涡轮流量计结构

1—叶片;2—导流器;3—石墨轴承;4—止推石墨轴承;5—金属法兰;6—前置放大器;7—永久磁铁;8—线圈

当流体通过管道时,流体冲击涡轮叶片,使涡轮旋转。流体流速提高,动能越大,涡轮旋转越快。由于叶片具有磁性,旋转的叶片切割磁力线,周期性改变线圈磁通量,根据电磁感应原理,在线圈内将产生脉冲电信号,此信号的频率和流量有关。脉冲电信号的频率可以转化成电压或电流信号输出,实现流量测量。

涡轮流量计的流量计算公式为

$$V_s = f \xi$$

式中　V_s——流体的体积流量,L/s;

　　　f——脉冲信号频率,次 /s;

　　　ξ——仪表系数,每升流体通过涡轮流量计时输出的电脉冲数,次 /L。

较小的流体流量并不会使涡轮转动,只有流量大于一定数值时,涡轮才开始转动。并且,流量较小时,仪表的性能不良,只有流量大于一定数值后,脉冲信号频率 f 与流量 V_s 才近似为线性关系,这个流量就是流量计检测的下限。由于轴承寿命和压力损失等条件的限制,涡轮的转速也不能太大,所以测量范围上限也有限制。流体黏度也影响涡轮流量计的特性,一般流体的黏度增大会提高测量下限,降低测量上限。为了维持该仪表的测量精度,需要提高测量下限,缩小量程比。流体的密度会影响仪表的灵敏限、仪表常数 ξ 和测量下限,通常密度大,灵敏限低,测量范围下限低。

涡轮流量计必须水平安装,且保证流体流动方向与传感器所标方向一致,否则会引起传感器仪表常数的变化。为了保证传感器性能稳定,在传感器前后要留出一定的直管段,一般入口直管段长度大于 $20d$,出口直管段的长度大于 $15d$。一般仪表系数在常温下以水为介质进行标定,若被测流体的密度、黏度发生较大变化,要考虑对流量计的特性进行修正。要了解被测流体的物理性质、腐蚀性和清洁程度,以选用合适的涡轮流量计的轴承材料和类型;流量计的一般工作点最好在仪表测量范围上限数值的 50% 以上,以避免流量波动时,工作点移到特性曲线之外;流量计前通常要加装过滤网,防止污物、铁屑、棉纱等进入传感器,以保证被测介质清洁,减少磨损,确保传感器叶轮正常工作。过滤网网孔大小一般为 100 孔 /cm²,特殊情况下可选用 400 孔 /cm² 的网孔。

3.3.6　流量计的检验和标定

对于非标准化的各种流量仪表,如转子流量计、涡轮流量计,仪表厂在出厂前都进行了流量标定,建立了流量刻度标尺,给出了流量系数、校正曲线。然而,在实验室或生产应用时,工作介质、压强、温度等操作条件往往和标定条件不同,为了精确使用流量计,当遇到下述几种情况时,在使用前均应该考虑对流量计进行标定:①使用长时间放置的流量计;②要进行高精度测量;③对测量值产生怀疑;④被测流体的特性曲线不符合标定流量计用的流体的特性。

标定液体流量计的方法可按校验装置中标准器的形式分为容器式、称重式、标准体积管式和标准流量计式等。标定气体流量计的方式按使用的标准器的形式分为容器式、音速喷嘴式、肥皂膜实验器式、标准流量计式、湿式流量计式等。标定气体流量计时需特别注意测量流过被标定流量计和标准器的实验气体的温度、压力、湿度。另外,对实验气体的特性必须在实验之前了解清楚,如气体是否溶于水,在温度、压力的作用下其性质是否会发生变化等。

3.4　温度测量

温度是工业生产和科研工作中最普遍、最重要的参数。在化工生产中,温度的测量与控制是保证反应过程正常进行,确定物料的物性,推算物料的组成,确定相平衡与反应速率,确保产品质量与安全的关键环节。温度测量只能借助冷热物体热交换以及随冷热程度变化的某些物理量特性进行间接测量。温度仪表种类繁多,本节主要介绍玻璃管式温度计、双金属温度计、热电偶温度和热电阻温度计的工作原理、安装与使用。

3.4.1　玻璃管式温度计

　　玻璃管式温度计属于接触膨胀式测温仪表,具有结构简单、使用方便、价格低廉的优势,但是也有测量上限和精度受玻璃质量限制,易碎且数据不能远传的不足。常用的玻璃管式温度计有棒式、内标式和电接点式三种,其结构如图 3-12 所示,其中,棒式为实验室最常用的一种温度计,其直径 $d=6\sim8$ mm,长度 $l=250$ mm,280 m,300 mm,400 mm,420 mm,480 mm 多种;内标式常用于工业生产,$d_1=18$ mm,$d_2=9$ mm,$l_1=220$ mm,$l_2=130$ mm,$l_3=60\sim2\,000$ mm;电接点式用于控制、报警等,常用于实验室恒温槽上,分为固定接点和可调接点两种。

　　玻璃管液体温度计是利用玻璃管内的感温物质(常用水银、酒精、甲苯、煤油等)受热膨胀、遇冷收缩的原理进行温度测量的。实验室用得最多的是水银温度计和有机液体温度计。水银温度计测量范围广、刻度均匀、读数准确,但玻璃管破损后会造成汞污染。有机液体(如乙醇、苯等)温度计着色后读数明显,但由于膨胀系数随温度而变化,故刻度不均匀,误差较大。玻璃管内常加入甘油、变压器油等以排除空气,减少误差。工业用玻璃管温度计为了避免使用时被碰碎,在玻璃管外通常有金属保护套管,仅露出标尺部分,供操作人员读数。

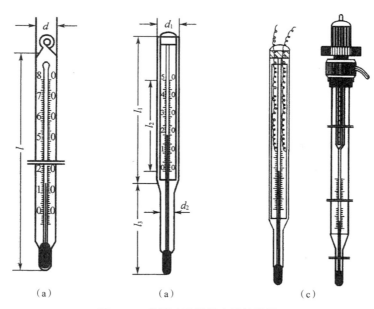

(a)　　　　　　(a)　　　　　　(c)

图 3-12　常用玻璃管温度计结构图

(a)棒式　(b)内标式　(c)电接点式

　　玻璃管液体温度计应安装在没有大的振动、不易受到碰撞的设备上,特别是有机液体温度计,若振动很大会使液柱中断;安装位置要便于读数,尽可能不要倾斜安装;感温泡中心要处在温度变化最敏感区域(如管道中流速最大处);水银温度计读数时读凸液面的最高点,有机液体温度计读数时读凹液面最低点;无论玻璃管内是何种液体,将温度计不经预热立即插入介质中并突然抽出,使温度计液体骤冷骤热的做法是不可取的,这种做法会使液柱断开、零位变动过限而使温度计报废。

　　玻璃管液体温度计在进行温度测量前要进行校正,校正的方法有两种。如果实验室内无标准温度计可做比较,可以冰－水－水蒸气的相变系统校正。该法是在 100 mL 烧杯中装满碎冰和冰块然后装入蒸馏水至液面达到冰面下 2 cm 处,插入温度计使刻度便于观察或露出零刻度于冰面之上,搅拌并观察水银柱的变化,待到其所指温度恒定时,记录读数,该位置就是校正后的 0 ℃位置。在试管内加入沸石及 10 mL 蒸馏水,调整温度计使其水银球在液面上方 3 cm 处,以小火加热,并注意水蒸气在试管壁上冷凝形成一个环,控制火力使该环在水银球上方约 2 cm 处。观察水银柱读数直到温度保持恒定,记录读数,再经过气压校正后该水银柱的位置即是校正过的 100 ℃位置。另一种方法是利用标准温度计在同样的状况下比较的校正法,操作方法是将待校验的玻璃管液体温度计与标准温度计插入恒温槽中,待恒温槽的温度稳定后,比较被校验温度计与标准温度计的示值。因为对有机液体来说,它与毛细管壁有附着力,在降温时,液柱下降会有部分液体停留在毛细管壁上,从而影响读数的准确性,水银玻璃管温度计在降温时也会因摩擦而产生滞后现象,因此示值误差的校验采用升温校验。

3.4.2　双金属温度计

　　双金属温度计属于接触膨胀式温度计,常用于气体、液体及蒸气的温度测量,可部分取代水银温度计。常用双金属温度计的结构如图 3-13 所示。

　　轴向型的刻度盘平面与保护管成垂直方向连接。径向型的刻度盘平面与保护管成水平方向连接。

　　在使用双金属温度计时,可根据操作中安装条件及方便观察来选择轴向或径向结构。目前国产的双金属温度计测量范围是 -80~600 ℃,准确度等级为 1, 1.5, 2.5 级,使用工作环境温度为 -40~60 ℃。

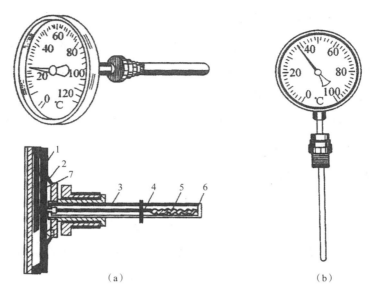

图 3-13　双金属温度计结构

（a）轴向型　（b）纵向型

1—指针；2—表壳；3—金属保护管；4—指针轴；5—双金属感温元件；6—固定端；7—刻度盘

双金属温度计是由两种膨胀系数不同的金属薄片叠焊在一起而成的,将双金属片一端固定,如果温度变化,则因两种金属片的膨胀系数不同而产生弯曲变形,弯曲的程度与温度变化大小成正比。双金属温度计还可以做成带上、下限接点的电接点双金属温度计,当温度达到给定值时,电接点闭合,可以发出电信号,实现温度的控制或报警功能。

3.4.3　热电偶温度计

热电偶温度计是一种接触式温度仪表,它以热电效应为基础,将温度变化转化为热电势变化进行温度测量。热电偶温度计具有结构简单、坚固耐用、精度高、测量范围宽等优点,特别是能够实现远距离多点测量传输和自动控制,因此在工业生产和科研工作中使用极为普遍。

热电效应是指把两种不同的导体或半导体连接成闭合回路,将它们的两个接点分别置于温度不同的热源中,在回路内会产生热电动势(简称热电势)的现象。其本质是金属内部不同部位自由电子的密度不同,电子由自由电子密度大的一侧扩散至密度小的一侧。两种不同导体组成的闭合回路就称为热电偶,每根单独的导体称为热电极。两个接点中,一端称为工作端(测量端或热端),另一端称为自由端(参比端或冷端)。热电偶回路如图 3-14所示。

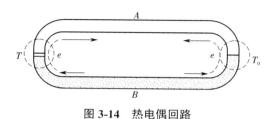

图 3-14 热电偶回路

当热电偶材质一定时,热电偶的总热电势可表示为两端温度的函数差,即

$$E_{AB}(t,t_0)=f(t)-f(t_0)=e_{AB}(t)-e_{AB}(t_0)$$

其中,$t>t_0$。热电偶还有如下性质。

(1)热电偶 AB 产生的热电势与 A、B 材料中间温度无关,只与接点温度 t_1、t_2 有关。

(2)若热电偶 AB 在接点温度为 t_1、t_2 时的热电势为 $E_{AB}(t_1,t_2)$,在接点温度为 t_2、t_3 时的热电势为 $E_{AB}(t_2,t_3)$,则在接点温度为 t_1、t_3 时的热电势为 $E_{AB}(t_1,t_3)=E_{AB}(t_1,t_2)+E_{AB}(t_2,t_3)$。

(3)若任何两种金属 A、B 对于参考金属 C 的热电势已知,那么由这两种金属结合而成的热电偶的热电势是它们对参考金属的热电势的代数和,即 $E_{AB}(t_1,t_2)=E_{AC}(t_1,t_2)+E_{CB}(t_1,t_2)$。

(4)在热电偶回路中任意处接入材质均匀的第三种金属导线,只要此导线的两端温度相同,则第三种导线的接入不会影响热电偶的热电势。

与热电偶配套的显示仪表有指针式的动圈表和电位差计、数字式的数字毫伏表、智能显示仪表温度传感器。显示仪表要求输入量为毫伏信号,因此当热电偶测温时,它与仪表测量线路可直接相连。常用热电偶有标准化和非标准化两大类。标准化热电偶是指国家标准规定了其热电势与温度的关系、允许误差,并有统一的标准分度表的热电偶。非标准化热电偶在使用范围或数量级上均不及标准化热电偶,其主要用于特殊场合的测量。

在工业应用中,热电偶的选择首先应根据被测温度的上限,正确地选择热电偶的热电极及保护套管;再根据被测对象的结构及安装特点,选择热电偶的规格及尺寸。

热电偶按结构形式可分为普通工业型、铝装型及特殊型等。

常用的普通工业型热电偶有如下 4 种。

(1)铂铑 10- 铂热电偶:属于贵重金属热电偶,正极为铂铑合金,负极为铂,短期工作温度为 1 600 ℃,长期工作温度为 1 300 ℃,物理、化学稳定性好,一般用于准确度要求较高的高温测量;但材料较贵,热电势较小,分度号为 S。

(2)镍铬－镍硅热电偶:属于非贵重金属中性能最稳定的一种,应用很广,正极为镍铬,短期工作温度为 1 200 ℃,长期工作温度为 900 ℃。此种热电偶的热电势比上一种大 4~5 倍,而且线性度更好,误差一般在 6~8 ℃。但其热电极不易做得很均匀,较易氧化,稳定性差,分度号为 K。

（3）镍铬－康铜热电偶:正极是镍铬,短期工作温度为 800 ℃,长期工作温度为 60 ℃。它是热电势最大的一种热电偶,测量准确度较高,但极易氧化,分度号为 E。

（4）铜－康铜热电偶:在低温下应用得很普遍的热电偶,测量的温度范围为 −200~200 ℃,稳定性好,低温时灵敏度高并且价格低廉,分度号为 T。

铠装热电偶是由热电极、绝缘材料和金属套管三者组合加工而成,它可以做得很细很长,在使用中可以随测量需要进行弯曲,其特点是热惰性小、热接点处的热容量小、寿命较长、适应性强等,故应用广泛。

热电偶安装时应放置在尽可能靠近所要测量的温度控制点。为防止热量沿热电偶传走或防止保护管影响被测温度,热电偶应浸入所测流体之中,深度至少为直径的 10 倍。当测量固体温度时,热电偶应当顶着该材料或与该材料紧密接触。为了使导热误差减至最小,应减小接点附近的温度梯度。当用热电偶测量管道中的气体温度时,如果管壁温度明显较高或较低,则热电偶将对之辐射或吸收热量,从而显著改变被测温度。这时,可以用一辐射屏蔽罩来使其温度接近气体温度,采用所谓的屏罩式热电偶。选择测温点时应具有代表性,例如测量管道中流体温度时,热电偶的测量端应处于管道中流速最大处。一般来说,热电偶的保护套管末端应越过流速中心线。实际使用时特别要注意补偿导线的使用。通常接在仪表和接线盒之间的补偿导线,其热电性质与所用热电偶相同或相近,与热电偶连接后不会产生大的附加热电势,不会影响热电偶回路的总热电势。如果用普通导线来代替补偿导线,就起不到补偿作用,从而降低测温的准确性。所以,使用单位在安装仪表敷线时应注意:补偿导线与热电偶连接时,极性切勿接反,否则测温误差反而增大。

实际测量中,如果测量值偏离实际值太多,除热电偶安装位置不当外,还有可能是热电偶偶丝被氧化、热电偶测量端焊点出现砂眼等。由于这些因素的影响使得热电偶的热电特性发生改变,从而使测量误差越来越大,因此热电偶应定期校验。校验方法是将被校验的热电偶与标准热电偶拴在一起并尽量靠近,在液体中升温,恒定后读出温度计数值。各对热电偶通过切换开关接至电位差计,热电偶使用一个公共冷端,并置于冰水共存的保温瓶中,读取毫伏值,每个校验点温度的读数多于 4 次;然后取热电偶的电势读数的平均值,画出热电偶分度表,根据毫伏值便可在表中查出相应的温度值。

3.4.4　热电阻温度计

热电阻的测温原理是基于导体或半导体的电阻值随温度变化而变化这一特性来测量温度及与温度有关的参数。热电阻大都由纯金属材料制成,目前应用最广泛的热电阻材料是铂和铜:铂电阻精度高,适用于中性和氧化性介质,稳定性好,具有一定的非线性,温度越高,电阻变化率越小;铜电阻在测温范围内电阻值和温度呈线性关系,温度系数大,适用于无腐蚀性介质,超过 150 ℃易被氧化。最常用的铂电阻有 $R_0=10\ \Omega$、$R_0=100\ \Omega$ 和 $R_0=1\ 000\ \Omega$ 等几种,它们的分度号分别为 Pt10、Pt100、Pt1000;铜电阻有 $R_0=50\ \Omega$ 和 $R_0=100\ \Omega$ 两种,它们的分度号分别为 Cu50 和 Cu100。其中,Pt100 和 Cu50 的应用最为广泛。纯金属及多数合金的电阻率随温度升高而增加,即具有正的温度系数。在一定温度范围内,电阻－温度关系是线性的。若已知金属导体在温度 0 ℃时的电阻为 R_0,则温度 t 时的电阻为 $R=R_0+\alpha R_0 t$,α 为平均电阻温度系数。

热电阻是在实际应用时通常需要把电阻信号通过引线传递到计算机控制装置或者其他一次仪表上。工业用热电阻安装在生产现场,与控制室之间存在一定的距离,因此热电阻的引线对测量结果会有较大的影响。目前,热电阻的引线主要有以下三种方式。

二线制:在热电阻的两端各连接一根导线来引出电阻信号的方式。这种引线方法很简单,但由于连接导线必然存在引线电阻,其大小与导线的材质和长度有关,因此这种引线方式只适用于测量精度较低的场合。

三线制:在热电阻的根部的一端连接一根引线,另一端连接两根引线的方式。这种方式通常与电桥配套使用,可以较好地消除引线电阻的影响,是工业过程控制中最常用的。

四线制:在热电阻的根部两端各连接两根导线的方式。其中两根引线为热电阻提供恒定电流 I,把 R 转换成电压信号 U,再通过另两根引线把 U 引至二次仪表上。可见这种引线方式可完全消除引线的电阻影响,主要用于高精度的温度检测。

热电阻采用三线制接法。采用三线制是为了消除连接导线电阻引起的测量误差。这是因为测量热电阻的电路一般是不平衡电桥,热电阻作为电桥的一个桥臂电阻,其连接导线(从热电阻到中控室)也成为桥臂电阻的一部分,这一部分电阻是未知的且随环境温度变化,造成测量误差。采用三线制,将导线一根接到电桥的电源端,其余两根分别接到热电阻所在的桥臂及与其相邻的桥臂上,这样就消除了导线线路电阻带来的测量误差。

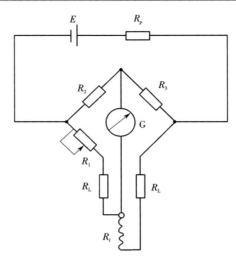

图 3-15　三线制线路连接示意图

对热电阻的安装,应注意有利于测温准确、安全可靠及维修方便,而且不影响设备运行和生产操作。要满足以上要求,在选择热电阻的安装部位和插入深度时要注意以下几点。

(1)为了使热电阻的测量端与被测介质之间有充分的热交换,应合理选择测点位置,尽量避免在阀门、弯头及管道和设备的死角附近装设热电阻。

(2)带有保护套管的热电阻有传热和散热损失,为了减少测量误差,热电偶和热电阻应该有足够的插入深度。

①对于测量管道中心流体温度的热电阻,一般都应将其测量端插入到管道中心处(垂直安装或倾斜安装)。如被测流体的管道直径是 200 mm,那么热电阻插入深度应选择 100 mm。

②对于高温高压和高速流体的温度测量(如主蒸气温度),为了减小保护套对流体的阻力和防止保护套在流体作用下发生断裂,可采取保护管浅插方式或采用热套式热电阻。浅插式的热电阻保护套管,其插入主蒸气管道的深度应不小于 75 mm;热套式热电阻的标准插入深度为 100 mm。

③假如需要测量烟道内烟气的温度,若烟道直径为 4 m,热电阻插入深度为 1 m 即可。

④当测量元件插入深度超过 1 m 时,应尽可能垂直安装,或加装支撑架和保护套管。

3.5　液位测量

液位检测在化工生产中占有重要地位,除了可以掌握容器内物料的存量和消耗量外,还可以为调节物料平衡提供决策依据。

3.5.1　直读式液位计

直读式液位计是利用静仪表与被测容器气相、液相直接连接后液相压力平衡来直接测量液位,根据静止时液体内部压强变化的规律,当液相压力平衡时有 $h_1\rho_1 g=h_2\rho_2 g$,若 $\rho_1=\rho_2$,则 $h_1=h_2$。当介质温度高时, $\rho_2\neq\rho_1$,就会出现误差。但由于其简单实用,因此应用广泛,有时也用于自动液位计零位和最高液位的校准。

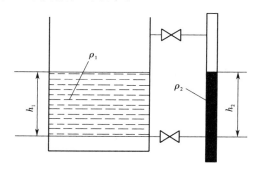

图 3-16　直读式液位计测量原理图

常用直读式液位计有玻璃管式液位计和玻璃板式液位计。玻璃管式液位计适用于被测压力小于 1.6×10^6 Pa、温度低于 100 ℃的工况。常用的玻璃管式液位计为石英材质,同时增加了金属保护,克服了早期的玻璃管式液位计易碎且长度有限的结构缺陷,也拓展其使用范围。玻璃板式液位计采用钢化玻璃板为材质,适用于被测介质压力小于 4.0×10^6 Pa、温度低于 80 ℃,对钢、石棉垫片及丁腈橡胶没有腐蚀作用的液体的液位测量。

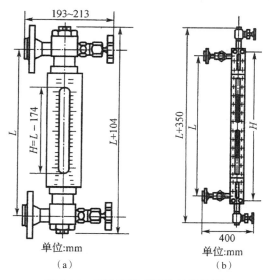

图 3-17　两种直读式液位计结构图

（a）玻璃管式液位计　（b）玻璃板式液位计

3.5.2 差压式液位计

差压式液位计测量原理如图 3-18 所示。

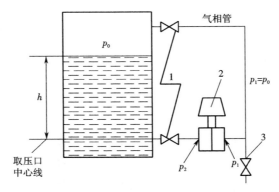

图 3-18 差压式液位计测量原理图

根据流体静力学方程,测得的压差为

$$h = \frac{p_2 - p_1}{\rho g} \qquad\qquad (3-22)$$

式中　　h——液位高度,m;

　　　　$p_2 - p_1$——测得的压差,kPa;

　　　　ρ——介质密度(通常已知),kg/m^3。

通过压差即可得出液位高度 h。此类液位计安装方便,容易实现远程传递与自动调节,工业上应用较多。

3.5.3 浮力式液位计

浮力式液位计利用物体在液体中受到浮力的原理实现液位测量,可分为恒浮力(浮子式、浮球式)和变浮力(浮筒式)两类。恒浮力式液位计的浮子(浮球)始终漂浮于液面上,其自身的重力和所受的浮力为定值,浮子(浮球)的位置随液面的位置变化,位置信号通过传感器转化后输出到仪表显示,从而进行液位测量。常见的变浮力液位计是浮筒式液位计,浮筒全部浸没在液体之中。当液位变化时,扭力管受到浮筒的重力产生的扭力矩的作用也发生变化,当液位在零点时,扭力矩最大;当液位最高时,扭力矩最小。扭力矩的变化会产生一个角度变化,角度变化信号由传感器转化为与测量液位有关的电信号,从而实现液位测量。浮力式液位计结构如图 3-19 所示。

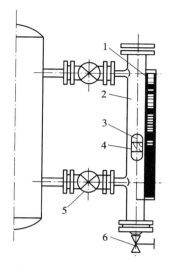

图 3-19　浮力式液位计结构

1—翻板标尺；2—浮子室；3—浮子；4—磁钢；5—绝缘套；6—流通小孔

3.5.4　电容式液位计

电容式液位计由测量电极、前置放大单元及指示仪表组成。由图 3-20 可得电极与被测容器之间所形成的等效电容，只要测得由液位升高而增加的电容值，就可以测得管中的液位。

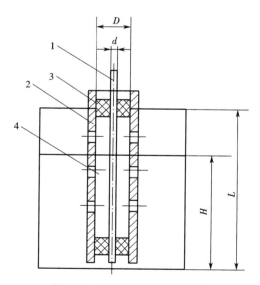

图 3-20　电容式液位计测量图

1—内电极；2—外电极；3—绝缘套；4—流通小孔

$$C_0 = \frac{2\pi\varepsilon_0 L}{\ln(D/d)} \qquad\qquad\qquad （3\text{-}23）$$

$$C_0 + \Delta C_l = \frac{2\pi\varepsilon_0(L-H)}{\ln(D/d)} + \frac{2\pi\varepsilon H}{\ln(D/d)} \qquad （3\text{-}24）$$

$$\Delta C_l = \frac{2\pi(\varepsilon - \varepsilon_0)H}{\ln(D/d)} \qquad\qquad\qquad （3\text{-}25）$$

式中　　C_0——电极安装后空罐时的电容值，F；

　　　　ΔC_l——液位升高而增加的电容值，F；

3.6　浓度测量

3.6.1　阿贝折光仪

　　阿贝折光仪可测定透明、半透明的液体或固体的折射率，使用时配以恒温水浴，其测量温度范围为 0~70 ℃。折射率是物质的重要光学性质之一，通常能借其了解物质的光学性能、纯度或浓度等参数。

　　阿贝折光仪的基本原理为折射定律，如图 3-21 所示。

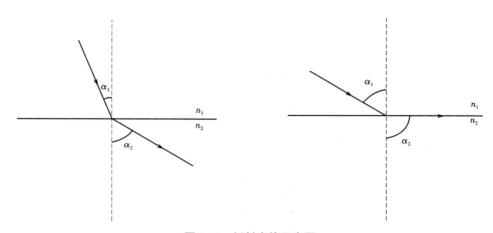

图 3-21　折射定律示意图

$$n_1 \sin\alpha_1 = n_2 \sin\alpha_2$$

式中　　n_1、n_2——相界面两侧介质的折射率；

α_1、α_2——入射角和折射角。

若光线从光密介质进入光疏介质,则入射角小于折射角,改变入射角度,可使折射角达 90°,此时的入射角被称为临界角。临界角的大小和光疏介质的折射率有关。本仪器测定折射率就是基于测定临界角的原理。如果用视镜观察光线,可以看到视场被分为明暗两部分,两者之间有明显的分界线,明暗分界处即为临界角位置,如图 3-22 所示。

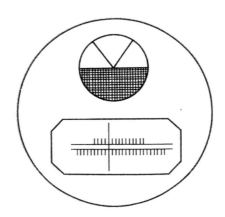

图 3-22 折射仪视场示意图

阿贝折光仪根据读数方式大致可以分为单目镜式、双目镜式及数字式三类。虽然读数方式存在差异,但其原理及光学结构基本相同,以下仅以单目镜式为例加以说明,其结构如图 3-23 所示。

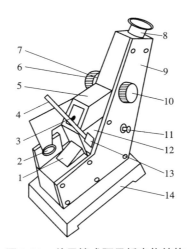

图 3-23 单目镜式阿贝折光仪结构

1—反射镜;2—转轴;3—遮光板;4—温度计;5—进光棱镜座;6—色散调节手轮;

7—色散值刻度盘;8—目镜;9—盖板;10—锁紧轮;11—聚光灯;12—折射棱镜座;13—温度计座;14—底座

阿贝折光仪的使用方法如下。

（1）恒温：将阿贝折光仪置于光线充足的位置，并用软橡胶管将其与恒温水浴连接，然后开启恒温水浴，调节到所需的测量温度，待恒温水浴的温度稳定 5 min 后，即可开始使用。

（2）加样：将辅助棱镜打开，用擦镜纸将镜面擦干后，闭合棱镜，用注射器将待测液体从加样孔中注入，锁紧锁钮，使液层均匀，充满视场。

（3）对光和调整：转动手柄，使刻度盘的示值最小；调节反射镜，使测量视镜中的视场最亮；再调节目镜，至准丝清晰。转动手柄，直至观察到视场中的明暗界线，此时若交界处出现彩色光带，则应调节消色散手柄，使视场内呈现清晰的明暗界线。将交界线对准准丝交点，此时从视镜中读得的数据即为折射率。

（4）整理：测量结束时，先将恒温水浴电源切断，然后将棱镜表面擦干净。如果长时间不用，应卸掉橡胶管，放净保温套中的循环水，将阿贝折光仪放到仪器箱中存放。

使用阿贝折光仪应注意：测定折光率时要确保系统恒温；仪器长时间不使用时可用溴代萘标准样品校正；保持仪器清洁，光学零件不得用水接触，只允许用丙酮、二甲醚清洗光学零件，并用擦镜布擦拭；仪器严禁振动或撞击，以免光学零件受损而影响精度。

3.6.2　气相色谱

气相色谱仪由五个部分组成：载气系统、进样系统、色谱柱和柱箱、检测系统以及数据记录与处理系统。

气相色谱的定量分析是通过仪器检测系统的响应值（色谱峰的峰面积）与相应组分的含量成正比关系来进行的。样品进入气相色谱，各组分经过检测器就产生相应的响应信号，这种信号就是色谱峰。信号的大小与各组分含量相关，因而色谱峰面积大小就与相应组分的浓度显著相关。在一定操作条件下，分析组分 i 的质量 m_i 或其在载气中的浓度与检测器的相应信号（色谱图上表现为峰面积 A_i 或峰高 h_i）成正比，即 $m_i=f \cdot A_i$，其中 f 为待测物质的定量校正因子。由该式可知，色谱定量分析需要准确测出峰面积以及得出比例常数 f。

峰面积可用色谱仪器中自带的积分仪进行测量。

某物质的定量校正因子 f 的测定方法是准确称量被测物质和基准物质，混合后在实验条件下进样分析，分别测量相应的峰面积，由下式计算：

$$f = \frac{A_1 \times m_1}{A_2 \times m_2} \tag{3-26}$$

式中　A_1、A_2——基准物质和被测物质的峰面积；

　　　m_1、m_2——基准物质和被测物质的进样量。

得到定量校正因子后,就可进行定量计算。定量计算有内标法、外标法和归一化法。

（1）内标法是向有机样品中加入标准已知含量的纯有机物（可以和样品中组分相同,也可以不相同）进行气相色谱测定,然后利用欲测组分和内标物的色谱峰面积和定量校正因子进行定量分析。内标法的特点是不需要全部组分的色谱峰面积和定量校正因子,只需欲测组分和内标物的色谱峰面积和定量校正因子就可进行定量分析。内标法的缺点是需要标准称取有机样品和内标物的质量,而且选用的内标物必须能与有机样品有很好的互溶性,且不能与样品中任何一个组分进行化学反应。另外,内标物还必须不与样品中的任一组分峰重叠,且最好能在欲测组分色谱峰附近出峰,以减少误差。若选用有机样品中相同组分的纯物质作为内标物,则首先要在相同条件下标定未加内标物的样品气相色谱,然后再测试加入内标物的样品气相色谱,然后通过对两种情况下相关色谱峰面积的差异,经过必要的转换,计算出相应组分的含量。

（2）外标法是在进样量、色谱仪器及操作等分析条件严格固定不变的前提下,先使用不同含量的组分纯物质等量进样进行色谱分析,求出纯物质含量和色谱峰面积的关系,并给出相应的定量校正曲线或线性方程式;然后将有机样品在相同条件下进行色谱分析,并根据定量校正曲线或线性方程式,计算出所需组分的定量分析结果。外标法也比较简便,尤其适合相同样品的大批量测试,这对工业化生产或环境中某种有机物的检测或控制非常有效。但这一方法对液体或挥发性不好的有机物组分定量分析时,往往误差较大。

（3）归一化法是将有机样品中所有组分的含量之和定为 100,计算出其中某一组分含量的百分数。归一化法的优点是方便简单,样品进样量和流动相载气流速等对计算结果影响不大。其主要问题是必须在有机样品中各组分都完全分开,即气相色谱峰面积能准确计算的前提下才能进行。因此,归一化法仅对组分少且色谱峰非常标准的有机样品进行定量分析。

第 4 章　实验误差分析与数据处理

4.1　误差与误差分析

误差是实验所得数据与被测量的真实值之间不可避免地存在的差异,这是由于实验方法和设备的不完善,周边环境的影响以及测量仪表和人的观察等方面原因导致的。正确认识误差的性质,分析误差产生的原因,从根本上消除或减小误差,从而正确处理测量和实验数据,合理计算所得结果,通过计算得到更接近真值的数据。

4.1.1　真值与平均值

真值是观测一个量时,该量本身所具有的真实大小。真值分为理论真值和约定真值。可以通过理论证实的值属于理论真值,例如三角形的内角和为 $180°$、一个整圆周角为 $360°$ 等。约定真值是指用约定的方法确定的基准值,例如基准米定义为"光在真空中 $1/299\ 792\ 458$ 秒的时间间隔内行程的长度"。

由于测量误差的存在,所以真值无法测得,通常用平均值代替。平均值的分类及计算方法如下。

（1）算数平均值:

$$\overline{x}_{算数} = \frac{\sum\limits_{i=1}^{n} x_i}{n} \tag{4-1}$$

（2）均方根平均值:

$$\overline{x}_{均方根} = \sqrt{\frac{\sum\limits_{i=1}^{n} x_i^2}{n}} \tag{4-2}$$

（3）几何平均值:

$$\overline{x}_{几何} = \sqrt[n]{x_1 x_2 \cdots x_n} \tag{4-3}$$

（4）对数平均值:

$$\overline{x}_{对数} = \frac{x_1 - x_2}{\ln\dfrac{x_1}{x_2}}$$

（4-4）

若 $x_1/x_2 < 2$，可用算数平均值代替对数平均值，其误差不超过 4.4%。对数平均值常用在传热和传质过程的计算中。

4.1.2　误差的分类

误差可表示为实验测量值与真值的差。根据误差产生的原因，可将误差分为系统误差、随机误差和过失误差。

1. 系统误差

在重复性条件下，对同一被测量进行无限多次测量所得结果的平均值与被测量的真值之差，称为系统误差。其特点是在相同条件下，多次测量同一量值时，该误差的绝对值和符号保持不变，或者在条件改变时，按某一确定规律变化。由于系统误差具有一定的规律性，因此可以根据其产生原因，采取一定的技术措施，设法消除或减小；也可以在相同条件下，对已知约定真值的标准器具采用多次重复测量的办法，或者通过多次变化条件下的重复测量的办法，设法找出其系统误差的规律后，对测量结果进行修正。

2. 随机误差

实验条件的偶然性微小变化，如温度波动、噪声干扰、电磁场微变、电源电压的随机起伏、地面振动等使得测得值与在重复性条件下对同一被测量进行无限多次测量所得结果的平均值之差，称为随机误差，又称为偶然误差。其特点是在相同测量条件下，多次测量同一量值时，绝对值和符号以不可预定的方式变化。虽然一次测量的随机误差没有规律、不可预测，也不能用实验的方法加以消除，但是经过大量的重复测量可以发现，它是遵循某种统计规律的。因此，可以用概率统计的方法处理含有随机误差的数据，对随机误差的总体大小及分布做出估计，并采取适当的措施减小随机误差对测量结果的影响。

绝大部分的多次测量结果的随机误差都服从正态分布，其概率分布如图 4-1 所示。

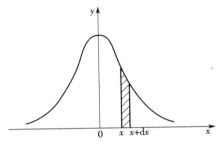

图 4-1 误差正态分布的概率密度曲线

图 4-1 中横坐标 x 表示随机误差,纵坐标 y 表示误差出现的概率,曲线的数学表达式为

$$y = \frac{1}{\sqrt{2\pi}\sigma}e^{-\frac{x^2}{2\sigma^2}} \tag{4-5}$$

该数学表达式由高斯提出,称为高斯误差分布定律,又称为误差方程。图 4-2 为不同 σ 值的 $f(x)$ 曲线。σ 越小,分布曲线的峰越高且越窄;σ 越大,分布曲线越平坦且越宽。由此可知,σ 越小,小误差占的比重越大,测量精密度越高;反之,则大误差占的比重越大,测量精密度越低。

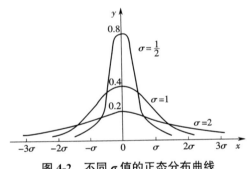

图 4-2 不同 σ 值的正态分布曲线

根据概率分布曲线可知,随机误差具有如下特点。

(1)单峰性:绝对值小的误差比绝对值大的误差出现的机会多,即误差出现的概率与误差的大小有关。当误差等于零时,y 值最大,呈现一个峰值,故称为单峰性。

(2)对称性:绝对值相等的正误差或负误差出现的次数相等,即误差出现的概率相同,故称为对称性。

(3)有界性:随机误差只会出现在一个有限的区间内,也就是说极大的正误差或负误差出现的概率都非常小,该特性称为有界性。

(4)抵偿性:随着测量次数的增加,随机误差的算术平均值趋近于零,故称为抵偿性。

3. 过失误差

明显超出统计规律预期值的误差,称为过失误差,又称为疏忽误差、粗大误差。其相应的观测值在整理数据时应去掉。只要认真负责地工作,这种误差是可以避免的。

系统误差和随机误差的定义是科学严谨、不能混淆的。但在测量实践中,由于误差划分的人为性和条件性,使得它们并不是一成不变的,在一定条件下可以相互转化。也就是说,一个具体误差究竟属于哪一类,应根据所考察的实际问题和具体条件,经分析和实验后确定。如一块温度计,它的刻度误差在制造时可能是随机的,但用此温度计来校准一批其他温度计时,该温度计的刻度误差就会造成被校准的这一批温度计的系统误差。又如,由于温度计刻度不准,用它来测量某物系温度时必带来系统误差,但如果采用很多块温度计来测此物系的温度,由于每一块温度计的刻度误差有大有小、有正有负,就使得这些测量误差具有随机性。

4.1.3　误差的表示形式

1. 绝对误差与相对误差

绝对误差 $D(x)$ 是测量值 x 与真值 A 或平均值 $\bar{x}$ 的差,其表达式为

$$D(x) = x - A = x - \bar{x} \tag{4-6}$$

绝对误差是一个具有确定的大小、符号及单位的量,其单位与测得值相同。

用绝对误差无法比较不同测量结果的可靠程度,用测量值的绝对误差与真值或平均值的比值来评价测量结果的可靠程度,并称它为相对误差,其表达式为

$$E_r(x) = \frac{D(x)}{A} = \frac{D(x)}{\bar{x}} \tag{4-7}$$

相对误差有大小和符号,但是无量纲,一般用百分数表示。

2. 算术平均误差与标准误差

算术平均误差是指在等精度测量中,所测得所有测量值的随机误差的算术平均值。n 次测量值的算术平均误差为

$$\delta = \frac{\sum_{i=1}^{n}|x_i - \bar{x}|}{n} \tag{4-8}$$

n 次测量值的标准误差为

$$\sigma = \sqrt{\frac{\sum_{i=1}^{n}|x_i - \overline{x}|^2}{n-1}} \qquad (4-9)$$

标准误差对一组测量中的特大或特小误差反应非常敏感,例如甲、乙两组对某一批土壤样品中铁含量的测定数据,甲组 5%、5.1%、4.9%、4.8%、4.7%;乙组 4.6%、4.9%、4.9%、5.2%、4.9%。经计算,上述数据的算术平均误差分别为 $\delta_甲 = 0.12$、$\delta_乙 = 0.12$;标准误差分别为 $\sigma_甲 = 0.16$、$\sigma_乙 = 0.21$。

由上例可见,算术平均误差相同,但是数据的离散情况明显不同,也就是说算术平均误差无法反映出各次测量之间彼此符合的程度。因此,实验数据越准确,标准误差越小。

4.1.4 正确度、精密度和精确度

正确度是在规定条件下测量中所有系统误差的综合,正确度高,则系统误差小;精密度反映随机误差的影响程度,精密度高,则随机误差小;精确度是测量结果中系统误差和随机误差的综合,误差大则精确度低,误差小则精确度高。正确度、精密度和精确度在数值上一般多用相对误差来表示,但不用百分数。

图 4-3(a)中的弹着点全部在靶上,但比较分散,相当于系统误差小而随机误差大,即精密度低,正确度高。图 4-2(b)的弹着点较集中,但偏向一方,命中率不高,相当于系统误差大而随机误差小,即精密度高,正确度低。图 4-2(c)的弹着点集中在靶心,相当于系统误差与随机 误差均小,即精密度、正确度都高,从而精确度亦高。

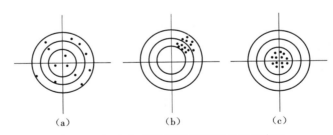

(a)   (b)   (c)

图 4-3   正确度、精密度和精确度含义示意图

4.1.5 异常数据的舍弃

测量中会出现过小或过大的数值,这些数值是保留还是舍弃,要有理论依据。

根据概率的理论可知,大于 3δ 的误差所出现的概率只有 0.3%,故通常把这一数值称为

极限误差。如果个别测量的误差超过 3δ，该数据就应舍弃。在实际操作中，要从有限的数据中找到异常数据，可先将可疑的异常数据取出，计算其余各数据的算术平均值 x_m 和算术平均误差 δ，然后计算可疑的异常数据 x_i 与算术平均值 x_m 的偏差 d，如果 $d \geqslant 4\delta$，则该值可舍弃。

4.1.6　间接测量的误差传递

由于直接测量存在误差，则间接测量时也必然有一定的误差，这种误差会随着计算不可避免地进行传递，从而产生间接测量的误差。

当间接测量值（y）与直接测量值（x_1, x_2, x_3, $\cdots$, x_n）存在一定函数关系时，则其微分形式为

$$dy = \frac{\partial y}{\partial x_1}dx_1 + \frac{\partial y}{\partial x_2}dx_2 + \cdots + \frac{\partial y}{\partial x_n}dx_n$$

$$\frac{dy}{y} = \frac{1}{f(x_1, x_2, x_3, \cdots, x_n)}\left(\frac{\partial y}{\partial x_1}dx_1 + \frac{\partial y}{\partial x_2}dx_2 + \cdots + \frac{\partial y}{\partial x_n}dx_n\right)$$

根据上式，当直接测量值的误差（Δx_1, Δx_2, $\cdots$, Δx_n）很小（误差累积的和取绝对值），则可求间接测量值的误差 Δy 或 $\Delta y/y$ 为

$$\Delta y = \left|\frac{\partial y}{\partial x_1}\right|\left|\Delta x_1\right| + \left|\frac{\partial y}{\partial x_2}\right|\left|\Delta x_2\right| + \cdots + \left|\frac{\partial y}{\partial x_n}\right|\left|\Delta x_n\right|$$

$$E_r = \frac{\Delta y}{y} = \frac{1}{f(x_1, x_2, x_3, \cdots, x_n)}\left(\left|\frac{\partial y}{\partial x_1}\right|\left|\Delta x_1\right| + \left|\frac{\partial y}{\partial x_2}\right|\left|\Delta x_2\right| + \cdots + \left|\frac{\partial y}{\partial x_n}\right|\left|\Delta x_n\right|\right) \quad （4\text{-}10）$$

式（4-10）就是由直接测量误差计算间接测量误差的误差传递公式，而标准误差的传递公式为

$$\sigma_y = \sqrt{\left(\frac{\partial y}{\partial x_1}\right)^2\sigma_{x_1}^2 + \left(\frac{\partial y}{\partial x_2}\right)^2\sigma_{x_2}^2 + \cdots + \left(\frac{\partial y}{\partial x_n}\right)^2\sigma_{x_n}^2} \quad （4\text{-}11）$$

式中　$\sigma_{x_1}, \sigma_{x_2}, \cdots, \sigma_{x_n}$——直接测量的标准误差；

σ_y——间接测量的标准误差。

常用计算函数误差的各种关系见表 4-1。

表 4-1 常用计算函数误差的各种关系

数学式	误差传递公式	
	最大绝对误差	最大相对误差 $E_r(y)$
$y = x_1 + x_2 + \cdots + x_n$	$\Delta y = \pm(|\Delta x_1| + |\Delta x_2| + \cdots + |\Delta x_n|)$	$E_r(y) = \dfrac{\Delta y}{y}$
$y = x_1 + x_2$	$\Delta y = \pm(|\Delta x_1| + |\Delta x_2|)$	$E_r(y) = \dfrac{\Delta y}{y}$
$y = x_1 \cdot x_2$	$\Delta y = \Delta(x_1 \cdot x_2) = \pm(|x_1 \cdot \Delta x_2| + |x_2 \cdot \Delta x_1|)$ 或 $\Delta y = y \cdot E_r(y)$	$E_r(y) = \Delta(x_1 \cdot x_2)$ $= \pm\left(\left\|\dfrac{\Delta x_1}{x_1}\right\| + \left\|\dfrac{\Delta x_2}{x_2}\right\|\right)$
$y = x_1 \cdot x_2 \cdot x_3$	$\Delta y = \pm(|x_1 \cdot x_2 \cdot \Delta x_3| + |x_1 \cdot x_3 \cdot \Delta x_2| + |x_2 \cdot x_3 \cdot \Delta x_1|)$ 或 $\Delta y = y \cdot E_r(y)$	$E_r(y) = \pm\left(\left\|\dfrac{\Delta x_1}{x_1}\right\| + \left\|\dfrac{\Delta x_2}{x_2}\right\| + \left\|\dfrac{\Delta x_3}{x_3}\right\|\right)$
$y = x^n$	$\Delta y = \pm(|nx^{n-1} \cdot \Delta x|)$ 或 $\Delta y = y \cdot E_r(y)$	$E_r(y) = \pm\left(n\left\|\dfrac{\Delta x}{x}\right\|\right)$
$y = \sqrt[n]{x}$	$\Delta y = \pm\left(\left\|\dfrac{1}{n} x^{(1/n)-1} \cdot \Delta x\right\|\right)$ 或 $\Delta y = y \cdot E_r(y)$	$E_r(y) = \dfrac{\Delta y}{y} = \pm\left(\left\|\dfrac{1}{n}\dfrac{\Delta x}{x}\right\|\right)$
$y = \dfrac{x_1}{x_2}$	$\Delta y = y \cdot E_r(y)$	$E_r(y) = \left(\left\|\dfrac{\Delta x_1}{x_1}\right\| + \left\|\dfrac{\Delta x_2}{x_2}\right\|\right)$
$y = cx$	$\Delta y = \Delta(cx) = \pm|c \cdot \Delta x|$ 或 $\Delta y = y \cdot E_r(y)$	$E_r(y) = \dfrac{\Delta y}{y}$ 或 $E_r(y) = \pm\left\|\dfrac{\Delta x}{x}\right\|$
$y = \lg x = 0.434\,29\ln x$	$\Delta y = \pm|(0.434\,29\ln x)' \cdot \Delta x|$ $= \pm\left\|\dfrac{0.434\,29}{x} \cdot \Delta x\right\|$	$E_r(y) = \dfrac{\Delta y}{y}$

4.1.7 有效数字与有效数字的运算

1. 有效数字

有效数字是指在实际中能够测量到的数字。能够测量到的数字包括最后一位估计的、不确定的数字。我们把通过直读获得的准确数字叫作可靠数字;把通过估读得到的那部分数字叫作存疑数字。把测量结果中能够反映被测量大小的带有一位存疑数字的全部数字叫作有效数字。因此,有效数字 = 全部准确的数字 + 最后一位估读的存疑数字。它既反映了数量的大小,同时也反映了测量的精密程度。

有效数字的位数是指从第一位非零的数字开始,到最后一位数字为止,在数字中间和最后的零都算在内。需要注意的是,第一个非零数字前面所有的零都不是有效数字。例如,质量为 0.001 56 kg,前面 3 个零就不是有效数字,若该数以 g 为单位计数,即记为 1.56 g,有效数字为 3 位。非零数字后面用于定位的零也不一定是有效数字,例如 2 020 是 4 位还是 3 位有效数字,取决于最后面的零是否用于定位。为了明确地读出有效数字位数,应该用科学计数法表示。例如, 2 020 的有效数字为 4 位,可以写成 2.020×10^3。科学计数法的特点是小数点前面是一位非零数字,"×"前面的数字为有效数字。

对于位数很多的近似数,当有效数字位数确定后,后面多余的数字应当舍去,保留的有效数字最末一位数字应按以下规则进行凑整。

（1）当保留 n 位有效数字时,若第 $n + 1$ 位数字 ≤ 4,就舍掉。

（2）当保留 n 位有效数字时,若第 $n + 1$ 位数字 ≥ 6,则第 n 位数字进 1。

（3）当保留 n 位有效数字时,若第 $n + 1$ 位数字 = 5 且后面数字为 0,则第 n 位数字若为偶数就舍掉后面的数字,若第 n 位数字为奇数则加 1;若第 $n + 1$ 位数字 >5 且后面还有不为 0 的任何数字,无论第 n 位数字是奇或是偶都加 1。

以上称为"四舍六入五单双",例如:

45.77≈45.8;43.03≈43.0;0.266 47≈0.3;10.350 0≈10.4;

38.25≈38.2;47.15≈47.2;25.650 0≈25.6;20.651 2≈20.7

2. 有效数字运算

一般来讲,在有效数字的运算过程中有很多规则。为了应用方便,本着实用的原则,可按如下规则进行。

（1）加减法以小数点后位数最少的数据为基准,其他数据按规则舍入到该基准的下一位,再进行加减计算,最终计算结果保留最少的位数。例如,计算 50.1 + 1.4 + 0.581 2 的结果可以修正为 50.1 + 1.4 + 0.6 = 52.1。

（2）乘除法以有效数字最少的数据为基准,其他有效数修正至相同,再进行乘除法运算,计算结果仍保留最少的有效数字。例如,计算 0.012 1 × 25.64 × 1.057 28 的结果可以修正为 0.012 1 × 25.6 × 1.06 = 0.328 345 6,结果仍保留为三位有效数字,记录为 0.012 1 × 25.6 × 1.06 = 0.328。

（3）在对数计算中,计算结果小数点后的位数与对数真数所有有效数字的位数相同。

（4）在乘方、开方运算中,计算结果保留有效数字的位数与原近似值有效数字位数相同。

（5）在三角函数运算中,所取函数值的位数应随角度误差的减小而增多,其对应关系见表 4-2。

表 4-2　三角函数角度误差

角度误差	10″	1″	0.1″	0.01″
函数值位数	5	6	7	8

（6）运算中若有 π、e 等常数，其有效数字位数取决于计算所用有效数字的位数，如参与计算的原始数据中有效数字位数最多为 n 位，则引用上述常数时取 n + 2 位。工程上上述常数一般取 5~6 位有效数字。

4.2　数据处理

4.2.1　列表法

列表法是将实验数据按自变量和因变量的关系，以一定的顺序列出数据表。它是数据处理过程的第一步，为绘制曲线或回归分析打下基础。列表法简洁明了，同一个表格里可以表示多个变量间的关系。

实验数据表分为原始数据记录表、计算结果记录表和混合记录表。原始数据记录表应当在实验前设计好，以清楚地记录所有待测数据。计算结果记录表应简明扼要，只表达主要物理量（参变量）的计算结果。如果所测量的参数和计算的参数不多，可将原始数据记录表和计算结果记录表合在一起，就是混合记录表。

拟制表格时，应遵循如下规则。

（1）表的上方要标有序号和表的名称，若表跨页要注明"续表几"。

（2）表格中应记录与实验有关的详细的实验条件，多人实验时还应记录同组实验人员姓名。

（3）表头要列出物理量的名称、符号和单位。物理量的列出要满足实验需求，并按照因果逻辑关系排序，即由仪表测量得到的量先列出，由该测量量经过计算求得的物理量后列出；且单位不要混在数字中。

（4）数据的有效数字位数要与测量仪表的精度匹配。

（5）数量级较大或较小时，要采用科学计数法，$10^{\pm n}$ 记在表头中。

流体流型的观测与测定实验的混合数据表见表 4-3。

表 4-3　流体流型观察及测定实验混合数据表

实验装置编号：___　实验导管内径___mm　平均水温___℃

黏度___Pa·s　密度___kg/m³

序号	流量 /（L/h）	流量 /q（×10⁵m³/s）	流速 /u（×10²m/s）	雷诺准数 /Re（×10⁻²）	流型
1	70	1.94	4.00	12.63	层　流
2	90	2.50	5.10	16.25	层　流

续表

3	100	2.78	5.70	18.05	过渡流
4	120	3.33	6.80	21.66	过渡流
5	140	3.89	7.90	25.28	湍 流
6	160	4.44	9.10	28.89	湍 流

4.2.2　作图法

作图法是将整理得到的实验数据或结果标绘成描述因变量和自变量依从关系的曲线图。该法的优点是直观清晰,便于比较,容易看出数据中的极值点、转折点、周期性、变化率以及其他特性,准确的图形还可以在不知道数学表达式的情况下进行微积分运算,因此得到广泛的应用。将自变量 x 作为图形的横轴,将因变量 y 作为纵轴,得到所需要的图形。所以,在绘制图形之前要完成的工作就是按照列表法的要求列出因变量 y 与自变量 x 相对应的 y_i 与 x_i 数据表格。

作图时值得注意的是:选择合适的坐标,使得图形直线化,以便求得经验方程式;坐标的分度要适当,能清楚表达变量间的函数关系。作曲线图时必须根据一定的法则,得到与实验点位置偏差最小而光滑的曲线图形。

1. 坐标系的选择

化工原理实验中常用的坐标系为直角坐标系、半对数坐标系和全对数坐标系。半对数坐标系如图 4-4 所示,它的一个轴是分度均匀的普通坐标轴,另一个轴是分度不均匀的对数坐标轴。

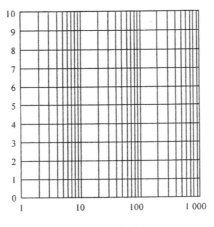

图 4-4　半对数坐标系

全对数坐标系如图 4-5 所示,它的横纵两轴都是对数标度的坐标轴。

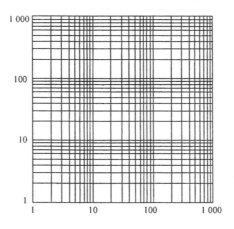

图 4-5　全对数坐标系

在下列情况下,应当选用半对数坐标系。

(1)某一变量在所研究的范围内发生了几个数量级的变化。

(2)在自变量由零开始逐渐增大的初始阶段,当自变量的少许变化引起因变量极大变化时采用半对数坐标系,曲线最大变化范围可伸长,使图形轮廓清楚。

(3)需要将某种函数变换为直线函数关系,如指数函数 $y = ae^{bx}$。

在下列情况下,应当选用全对数坐标系。

(1)所研究的因变量和自变量 x 在数值上均发生了几个数量级的变化。

(2)需要将曲线的起始部分展开。

(3)需要变换某种非线性关系为线性关系,如 $y = ax^b$。

2. 作图法的注意事项

(1)图的下方标注图号、图名。

(2)合理选择坐标的分度,即选择合理的坐标比例尺。为了得到良好的图形,在数据误差 Δx 和 Δy 已知的情况下, 比例尺的取法使实验“点”的边长为 $2\Delta x$ 和 $2\Delta y$,且 $2\Delta x = 2\Delta y = 1\sim2$ mm;若误差未知,最适合的分度是使实验曲线坐标读数和实验数据具有同样的有效数字位数,此外横纵坐标的分度比例一定一致,使曲线的坡度在 $30° \sim 60°$ 曲线坐标读数准确度较高;推荐使用坐标轴的比例常数 $M = (1,2,5) \times 10^{\pm n}$(n 为正整数)。

(3)选择合理的坐标原点,应使所标绘出的线合理地分布在坐标纸上,对普通直角坐标,坐标原点不一定从零开始,可以从被标绘的数据中选择最小的数据,使原点移到适当的位置。而对数坐标系,刻度是以 1, 2, 3,…, 10 的对数值大小来划分的,每刻度仍标记原数据,不能再分度,当用坐标表示不同大小的数据时,可以将各值乘以 10^n(n 取正、负整数)。所以,其分度要遵循对数坐标系的规律,不能随意分度。 因此,对数坐标轴的原点,只能取对数坐标轴上的值,而不能随意确定。

（4）定量绘制的坐标图,其坐标轴要表明各变量的名称、符号及单位。

（5）同一坐标图上的不同曲线上的数据点可用不同形状的符号或字母符号表示,例如"□、△、○、×"等,且可以在图上明显地标出。

4.2.3　回归分析法

回归分析法是运用数学方法对大量的实验数据进行处理,从而得出准确表达变量之间关系规律的数学表达式。其得出数学表达式常用的方法有半理论分析方法、纯经验方法和由实验曲线确定回归方程法。

1. 半理论分析方法

由量纲分析法推导出准数关系式是最常见的一种半理论分析方法。该方法不需要首先导出现象的微分方程,而只需要分析与实验相关的物理量,得出准数关联式,再由实验确定各种系数。但该方法若分析了与实验无关的物理量,则会增加工作量;若没有分析与实验有关的物理量,则会对实验结果产生很大误差。

2. 纯经验方法

纯经验方法是一种基于长期积累的经验来判定选用哪种数学模型描述实验数据关系的方法。例如,以指数形式描述细胞数目与时间的关系,以幂函数描述化学反应速率方程等。

3. 由实验曲线确定回归方程法

对于所得数据,若在选择数学模型时既无理论指导又无经验借鉴,可将数据先绘制在普通直角坐标系中,然后用平滑曲线连接,再利用数学方法求得曲线方程。

1）线性回归

为了简化计算,往往将非线性问题转化为线性问题,线性化的有效方法为最小二乘法。下面以一元线性回归（具有相关关系的两个变量,在坐标系中可用一条直线描述）为例,介绍最小二乘法在回归分析过程中的应用。

已知 n 个数据点 $(x_1,y_1),(x_2,y_2),\cdots,(x_n,y_n)$,设最佳线性函数关系式为 $y=a_0+a_1x$,则根据此式 n 组 x 值可计算出各组对应的 y' 值。由于测定值各有偏差,每个 x 值所对应的测量值为 y_1、y_2、$\cdots$、y_n,所以每组测量值与对应计算值 y' 的偏差 Δ 应分别为

$$\Delta_1 = y_1 - y_1' = y_1 - (a_0 + a_1 x_1)$$

$$\Delta_2 = y_2 - y_2' = y_2 - (a_0 + a_1 x_2)$$

……

$$\Delta_n = y_n - y_n' = y_n - (a_0 + a_1 x_n)$$

最小二乘法的原理是在有限次测量中的最佳结果应使偏差 Δ 的平方和 $\sum_{i=1}^{n} \Delta^2$ 最小。

$\sum_{i=1}^{n} \Delta^2$ 最小的必要条件为

$$\frac{\partial \left(\sum b_i^2 \right)}{\partial b_0} = -2 \left[y_1 - (a_0 + a_1 x_1) \right] - 2 \left[y_2 - (a_0 + a_1 x_2) \right] - \cdots - 2 \left[y_n - (a_0 + a_1 x_n) \right] = 0$$

$$\frac{\partial \left(\sum b_i^2 \right)}{\partial b_1} = -2 x_1 \left[y_1 - (a_0 + a_1 x_1) \right] - 2 x_2 \left[y_2 - (a_0 + a_1 x_2) \right] - \cdots - 2 x_n \left[y_n - (a_0 + a_1 x_n) \right] = 0$$

整理得

$$\sum y - n a_0 - a_0 \sum x = 0$$

$$\sum (xy) - a_0 \sum x - a_1 \sum x^2 = 0$$

联立求解得

$$a_0 = \frac{\sum (x_i y_i) \times \sum x_i - \sum y_i \times \sum x_i^2}{\left(\sum x_i \right)^2 - n \sum x_i^2}$$

$$a_1 = \frac{\sum x_i \times \sum y_i - n \sum x_i \times y_i}{x_i^2 - n \sum x_i^2}$$

由此求得的截距为 a_0、斜率为 a_1 的直线方程就是关联各实验点最佳的路线。

求得回归直线方程后，还要对回归方程进行检验。利用相关系数 r 来检验两个变量之间的线性相关度，即

$$r = \frac{\sum_{i=1}^{n} (x - \bar{x}) \times (y - \bar{y})}{\sqrt{\sum_{i=1}^{n} (x - \bar{x})^2 \times \sum_{i=1}^{n} (y - \bar{y})^2}} \quad (|r| \leqslant 1 \text{或} 0 \leqslant |r| \leqslant 1)$$

式中

$$\bar{x} = \frac{1}{n} \sum_{i=1}^{n} x_i$$

$$\bar{y} = \frac{1}{n} \sum_{i=1}^{n} y_i$$

r 在物理意义上表示两个随机变量 x 和 y 线性相关的程度。当 $r = \pm 1$ 时,即 n 组实验值(x_n, y_n)全部落在直线 $y = a_0 + a_1 x$ 上,此时称为完全相关。当 $r = 0$ 时,表明变量之间完全没有线性关系。当 $|r|$ 越接近 1 时,即 n 组实验值(x_n, y_n)越靠近直线 $y = a_0 + a_1 x$,变量 y 与 x 之间的关系越接近线性关系。需要指出,当 r 值很小时,表现的不是线性关系,但是不等于数据间不存在其他函数关系。

对于具有一个因变量但自变量有多个的问题,称为多元回归问题。多元线性回归也利用最小二乘法,不同在于需要利用高斯消去法对建立的方程组通过矩阵的行变换来消元。

2)非线性回归

在许多实际问题中,变量关系往往是较复杂的非线性函数。工程上很多非线性关系可以通过对变量进行适当变换来转化为线性问题处理。对于原曲线回归方程经过变量代换线性化后,原始数据经过变换后作为样本,即可对变换后的方程按上述的方法作回归分析。对于不能转化为直线模型的非线性函数模型,需要用非线性最小二乘法对其进行回归。非线性函数的一般形式为

$$y = f(x, B_1, B_2, \cdots, B_i, \cdots, B_m) \quad (i = 1, 2, \cdots, m)$$

x 可以是单个变量,也可以是多个变量,即 $x = (x_1, x_2, \cdots, x_p)$。一般的非线性问题在数值计算中通常用逐次逼近的方法来处理,其实质是逐次“线性化”,具体解法可参阅有关专著。

4.2.4　计算机数据处理作图

借助计算机作图,能够使数据更加简洁美观,方便深入分析,并可以显著提高工作效率,降低误差。本节以 Microsoft Excel 软件和 Origin Lab 软件为例,介绍利用计算机进行数据处理的方法。

1. Excel 作图

打开 Excel 界面,按照表格设计要求进行表头设计,如图 4-6 所示。

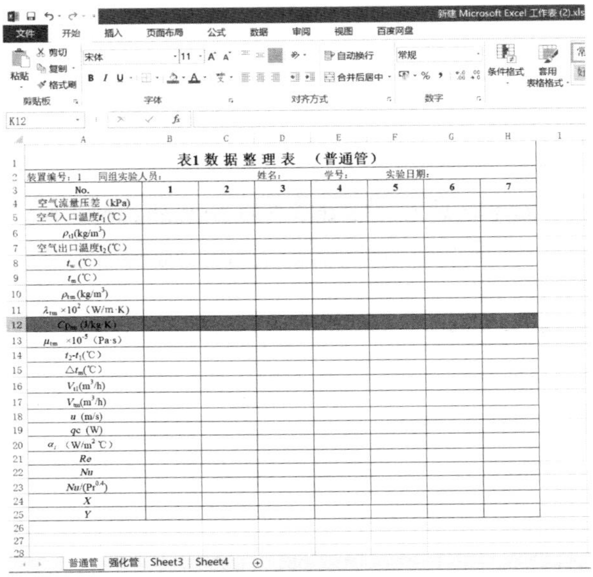

图 4-6 示例表头设计

填入实验过程中记录及通过查物性表得到的数据,如图 4-7 所示。该表格为混合数据记录表,为了区分原始数据和整理数据,这里可以通过"填充颜色"按钮将单元格填入一定的颜色加以标注。

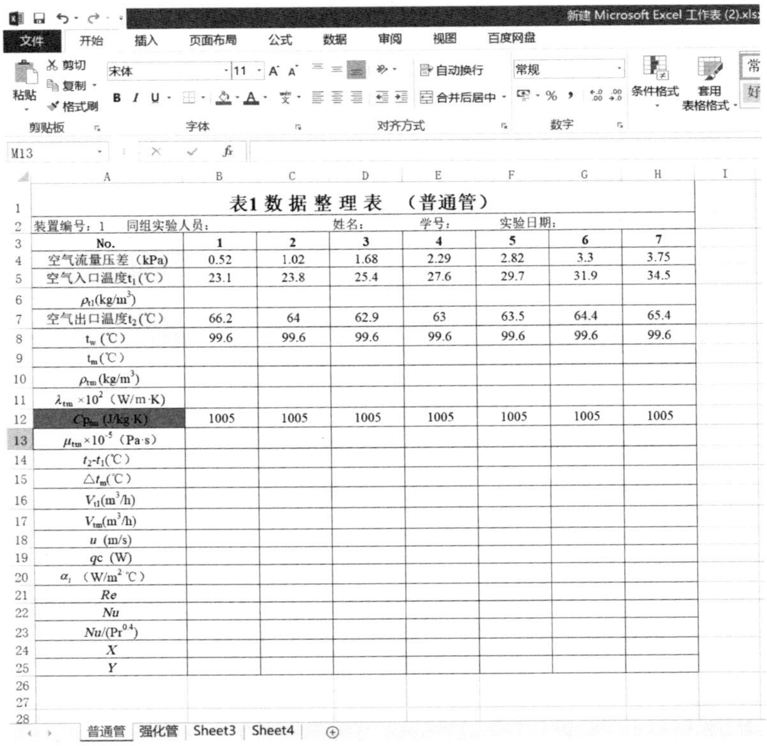

图 4-7 填入原始数据

其他变量需要通过公式编辑进行计算,相应的公式见表 4-4。

表 4-4 传热实验数据计算公式表

序号	参数	键入公式(以第一列为例)
1	ρ_{t_1}(kg/m³)	= −0.003 4*B5 + 1.275 7
2	t_m(℃)	=(B5 + B7)/2
3	ρ_{t_m}(kg/m³)	= −0.003 4*B9 + 1.275 7
4	$\lambda_{t_m} \times 10^2$(W/(m·K))	= 0.007 505*B9 + 2.446
5	$\mu_{t_m} \times 10^{-5}$(Pa·s)	=(0.004 63*B9 + 1.726)
6	$t_2 - t_1$(℃)	= ABS(B7−B5)
7	Δt_m(℃)	=((B8−B9))
8	V_{t_1}(m³/h)	= 3 600*(0.65*(3.14/4)*0.017*0.017)*(2*B4*1 000/B6)^0.5
9	V_{t_m}(m³/h)	= B16*((273 + B9)/(273 + B5))
10	u(m/s)	= B17/(3.141 592 6*(0.02)^2/4)/3 600
11	q_c(W)	=(B17*B10*B12*B14)/3 600
12	α_i(W/(m²·℃))	= B19/(B15*0.075 394)
13	Re	=(0.02*B18*B10)/(B13*10^(−5))
14	Nu	= B20*0.02/(B11*0.01)
15	$Nu/(Pr^{0.4})$	= B22/(0.697^0.4)
16	X	= log(B21)
17	Y	= log(B23)

在“插入”菜单中找到“图表”并选择“插入散点图(X,Y)或气泡图”,且选择散点图;在图表区域右击鼠标,选择“选择数据”,在新出现对话框中选择“添加”,在下一级对话框中输入图名、选取横纵坐标数据;横坐标在这里为 B 列 ~H 列的第 21 行,纵坐标为 B 列 ~H 列的第 23 行;在数据散点上右击选择“添加趋势线”,这里选择“线”,并“显示公式”“显示 R 平方值”(R 平方值是决定系数,是多元回归中表征实验数据与拟合函数之间吻合程度的量,该值越接近 1 吻合程度越接近,越接近 0 则吻合程度越低;对于一元回归,则用上节介绍的相关系数 r 来表示实验数据与拟合函数之间的吻合程度);进而得到图像。以上过程如图 4-8 所示。

图 4-8　键入公式计算出其他参数

No.		1	2	3	4	5	6	7
		表1 数 据 整 理 表　（普通管）						
	装置编号：1　同组实验人员：　　　姓名：　　　学号：　　　实验日期：							
空气流量压差（kPa）		0.52	1.02	1.68	2.29	2.82	3.3	3.75
空气入口温度t_1(℃)		23.1	23.8	25.4	27.6	29.7	31.9	34.5
ρ_{t1}(kg/m³)		1.20	1.19	1.19	1.18	1.17	1.17	1.16
空气出口温度t_2(℃)		66.2	64	62.9	63	63.5	64.4	65.4
t_w（℃）		99.6	99.6	99.6	99.6	99.6	99.6	99.6
t_m(℃)		44.65	43.90	44.15	45.30	46.60	48.15	49.95
ρ_{tm} (kg/m³)		1.12	1.13	1.13	1.12	1.12	1.11	1.11
$\lambda_{tm}\times10^2$ (W/m·K)		2.78	2.78	2.78	2.79	2.80	2.81	2.82
Cp_{tm} (J/kg·K)		1005	1005	1005	1005	1005	1005	1005
$\mu_{tm}\times10^{-5}$ (Pa·s)		1.93	1.93	1.93	1.94	1.94	1.95	1.96
t_2-t_1(℃)		43.10	40.20	37.50	35.40	33.80	32.50	30.90
$\triangle t_m$(℃)		54.95	55.70	55.45	54.30	53.00	51.45	49.65
V_{t1}(m³/h)		15.65	21.94	28.22	33.05	36.78	39.92	42.72
V_{tm}(m³/h)		16.79	23.42	29.99	34.99	38.84	42.05	44.86
u (m/s)		14.84	20.71	26.52	30.94	34.34	37.18	39.67
qc (W)		227	296	353	388	409	424	428
α_i （W/m²·℃)		55	71	85	95	102	109	114
Re		17261	24183	30922	35858	39517	42424	44824
Nu		39	51	61	68	73	78	81
$Nu/(Pr^{0.4})$		46	59	70	79	85	90	94
X		4.24	4.38	4.49	4.55	4.60	4.63	4.65
Y		1.66	1.77	1.85	1.90	1.93	1.95	1.97

　　若不对雷诺数 Re 和普朗特常数 Pr 进行取对数处理，可绘制双对数坐标图。下面通过普通管及强化管两组实验数据关系图的绘制进行阐述。为了方便区分和寻找数据，在 Excel 另起一个"sheet"表，参考前述的方法步骤将实验记录数据与计算数据填入表格中，并插入图表，这里选择"带平滑线和数据标记的散点图"中的"选择数据"，在出现的对话框中选择"添加"，就可以添加新的一组数据。选中其中一组数据，右击鼠标，然后依次左键单击"设置数据系列格式"—"数据标记选项"，数据标记类型设置为"内置"，在"类型"中单击选中适当的形状。以上过程如图 4-9 所示和图 4-10。

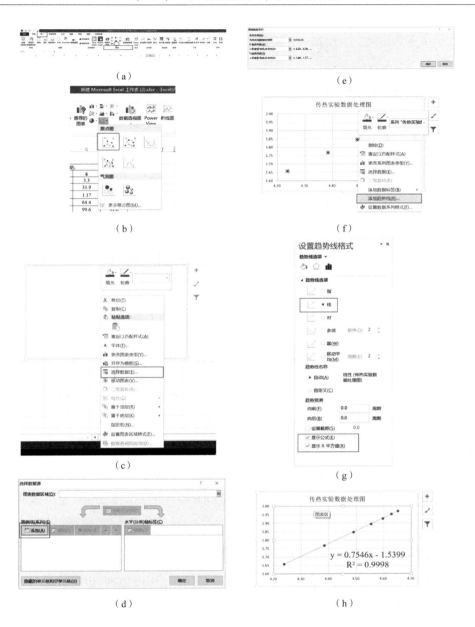

图 4-9　普通管数据作图流程

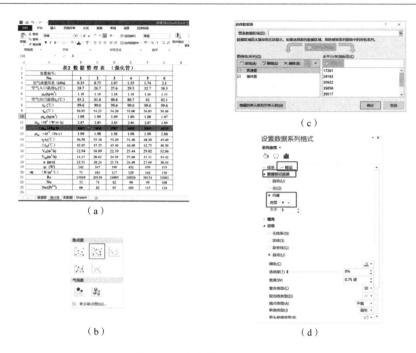

图 4-10　强化管数据作图流程

做双对数坐标,双击 X 轴,弹出 X 轴坐标轴格式,修改 X 轴数据,对数图表是以 10 为底,所以刻度单位选 10,把下面对数刻度打 $\checkmark$,Y 轴按同样的步骤进行;修改完后依次点击"添加图表元素"—"网格线"项,将图示中的网格线全部勾上,点击"确定";对图表信息进行标注,在"添加图表元素"中选择"轴标题"可对横纵坐标进行命名;按图示可添加图例、图题等;最后添加趋势线得到回归方程。以上过程如图 4-11 所示。

2. Origin Lab 作图

仍以传热综合实验的数据关联图的绘制为例,介绍 Origin 软件处理数据的方法。打开 Origin 界面,在界面内输入数据,数据可以手动输入,单击 增加列;也可以通过点击 按钮导入 Excel 表格数据;在通过原始数据计算得到的参数列中右击鼠标,选择"set column values"键入计算公式,则会在该列得到相应的数值,相同的方法可以计算其他参数;绘制普通管和强化管 Re-$Nu/Pr^{0.4}$ 的双对数坐标图。选中参数列,右击鼠标,选择"set as",Re 为 X 轴,$Nu/Pr^{0.4}$ 为 Y 轴。按住"ctrl"键,同时选中这两列,依次点击菜单栏"plot"—"symbol"—"scatter";双击坐标轴上的任意数字,打开坐标轴的调整窗口;选择"scale",点击"type"下拉按钮,设置类型为 log10。出图后,点击数据点,选择"analysis"可以添加回归方程,在"table"中可以查阅回归方程的解析式、相关度等信息。以上过程如图 4-12 所示。

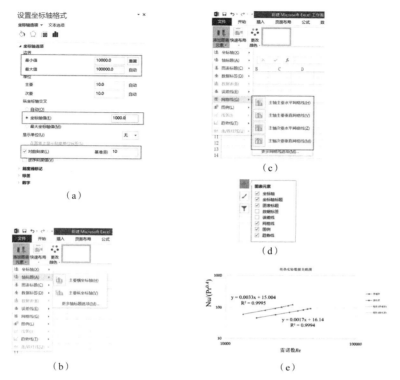

图 4-11　双对数坐标作图流程

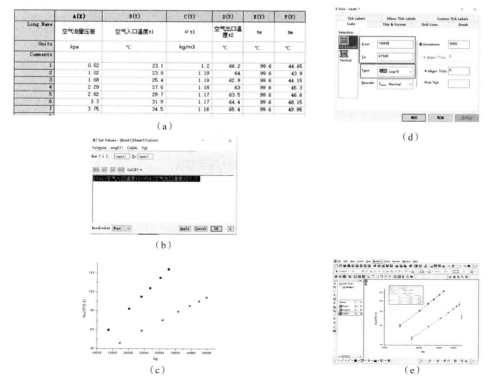

图 4-12　Origin Lab 作图流程

第 5 章　化工原理实验

实验 1　流体流动形态的观察与测定

1. 实验目的

（1）了解管内流体质点的运动方式，认识不同流动形态的特点，掌握判别流形的准则。

（2）观察圆直管内流体作层流、过渡流、湍流的流动形态。

（3）观察流体层流流动的速度分布。

2. 实验原理

流体在管内流动时存在两种基本形态，即层流（滞流）和湍流，还有介于二者之间的过渡形态（过渡流）。

层流：流体的质点沿管轴的方向作直线运动。流体质点的速度沿管径而变，在管壁处速度为零，在管的中心处速度最大，整体的速度分布沿管径呈抛物线形，如图 5-1 所示。

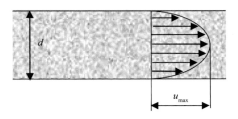

图 5-1　层流速度分布示意图

湍流：流体的质点不仅沿管轴方向向前运动，而且质点运动速度的大小和方向均随机变化。流体的流动形态可以采用雷诺准数作为判据。雷诺准数的定义式为

$$Re = \frac{du\rho}{\mu} \tag{5-1}$$

式中　d——管径；

　　　u——流速；

　　　ρ——流体密度；

　　　μ——流体黏度。

3. 实验装置

实验管道有效长度 $L=1\,000$ mm，外径 $D_o=30$ mm，内径 $D_i=25$ mm。

雷诺实验装置流程如图 5-2 所示。

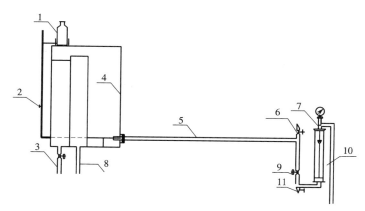

图 5-2 雷诺实验装置流程图

1—下口瓶；2—调节夹；3—进水阀；4—高位槽；5—测试管；6—排气阀；7—温度计；
8—溢流口；9—调节阀；10—转子流量计；11—排水阀

4. 实验步骤

1）实验前准备工作

（1）向下口瓶 1 中加入稀释过的红墨水，并使红墨水充满进样管。

（2）调整细管位置，使之处于管道中心线上。

（3）关闭调节阀 9、排气阀 6，打开进水阀 3、排水阀 11，向高位槽 4 注水，使水充满水箱并产生溢流，保持一定溢流量。

（4）缓慢开启调节阀 9，让水缓慢流过实验管道，并让红墨水充满细管。

2）雷诺实验演示

（1）调节进水阀 3，维持尽可能小的溢流量。

（2）缓慢且有控制地打开红墨水流量调节夹 2，红墨水流束即呈现不同流动状态，红墨水流束所表现的就是当前水流量下实验管内水的流动状况。读取流量数值，并计算出对应的雷诺准数。

（3）因进水和溢流造成的振动，有时会使实验管道中的红墨水流束偏离管内中心线或发生不同程度的左右摆动，此时可立即关闭进水阀 3，稳定一段时间后，即可看到实验管道中出现与管中心线重合的红色直线。

（4）加大进水阀 3 开度，在维持尽可能小的溢流量情况下增大水的流量，根据实际情况适当调整红墨水流量，即可观测到实验管内水在各种流量下的流动状况。为部分消除进水和溢流所造成振动的影响,在层流和过渡流状况的每一种流量下均可采用前面介绍的方法,立即关闭进水阀 3,然后观察实验管内水的流动状况。读取流量数值,并计算对应的雷诺准数。

不同流动形态如图 5-3 所示。

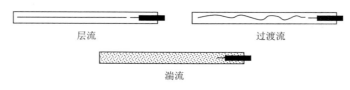

图 5-3　不同流动形态示意图

3）圆管内流体速度分布演示实验

（1）关闭进水阀 3、调节阀 9。

（2）将红墨水流量调节夹 2 打开,使红墨水滴落在不流动的实验管路中。

（3）突然打开调节阀 9,在实验管路中可以清晰地看到红墨水线流动所形成的如图 5-4 所示的速度分布。

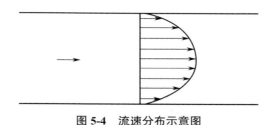

图 5-4　流速分布示意图

4）实验结束操作

（1）关闭红墨水流量调节夹 2,停止红墨水流动。

（2）关闭进水阀 3,使自来水停止流入水槽。

（3）待实验管道中红色消失时,关闭水流量调节阀 9。

（4）将设备内各处存水放净。

5. 注意事项

实验时应注意以下几点。

（1）水槽溢流量尽可能小,因为溢流量过大,上水流量也大,上水和溢流两者造成的振动都比较大,会影响实验结果。

（2）尽量不要人为地使实验架产生振动,为减小振动和保证实验效果,可对实验架底面进行固定。

6. 实验报告

将测得的数据记录于表格中,并计算流速、雷诺数,再描述实验现象和判断流形。

7. 思考题

(1)层流与湍流的本质区别在于流体质点的运动方式不同,试简述二者的运动方式。

(2)解释"层流底层"和"湍流主体"的概念。

(3)若红墨水的注入口不设在管中心,那么测定的流速分布曲面是何种形状?

(4)如何计算某一流量下的雷诺数?用雷诺数判别流形的标准是什么?

实验 2　伯努利方程实验

1. 实验目的

(1)了解流体在管内流动状况下,静压能、动能、位能之间的转化关系,加深对伯努利方程的理解。

(2)了解流体在管内流动时流体阻力的表现形式。

2. 实验原理

一般流体在管路中流动时,管道截面 1 和 2 之间伯努利方程可以表达为

$$Z_1 + \frac{u_1^2}{2g} + \frac{p_1}{\rho g} = Z_2 + \frac{u_2^2}{2g} + \frac{p_2}{\rho g} + H_f \tag{5-2}$$

式中各项的单位为 m,表示单位重量的流体所具有的机械能能够把自身从基准水平面升举的高度。通常,Z、$u^2/2g$、$p/\rho g$ 和 H_f 分别称为位压头、动压头、静压头和压头损失,而且前三项之和称为总压头。流体在流动过程中,由于管路状况的变动,如位置高低、管径大小的改变以及流经不同的管件等,都会导致位压头、动压头和静压头之间的相互转化。

本实验就是通过测试管路结构与水平位置的变化及流量的改变,找出动压头、静压头和压头损失之间的变化规律,进而验证伯努利方程,理解流体阻力损失的表现形式。

3. 实验装置

伯努利方程装置如图 5-5 和图 5-6 所示,由离心泵、不锈钢管道、有机玻璃测压管、水槽构成。其中,测压管 A_1,B_1,C_1 直接与不锈钢管道壁连通,测压管 A_2,B_2,C_2 连通至管道中心,并在正对流体流动方向上开有小孔,小孔中心线与不锈钢管道中心线对齐。两种不锈钢管道的直径分别为 $d_1=20$ mm、$d_2=10$ mm,位压头分别为 $Z_1=0$、$Z_2=0.145$ m,水温为 20 ℃。

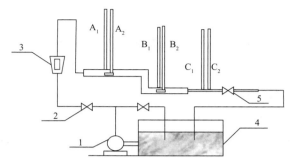

图 5-5　伯努利方程实验装置流程图

1—离心泵；2、5—流量调节阀；3—转子流量计；4—水槽

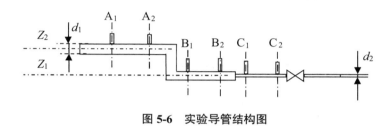

图 5-6　实验导管结构图

4. 实验步骤

（1）在水槽中加入约 3/4 体积的蒸馏水，关闭离心泵出口流量调节阀及实验流量调节阀，启动离心泵。

（2）将流量调节阀 5 置于关闭状态，打开转子流量计的流量调节阀及其上方的放气阀，缓慢排出管内气体。

（3）待放气阀有水溢出时，关闭放气阀，并调节流量调节阀 5 至半开继续排气操作。

（4）待管内气体排净后，调节转子流量计至不同流量，测定各测压管（A_1，A_2，B_1，B_2，C_1，C_2）的压头（共测定 8 组）。

（5）关小流量调节阀，测定各测压管的压头（共测定 2 组）。

5. 注意事项

（1）排气过程中，转子流量计流量不宜过大，避免流体从测压管冲出。

（2）排气和测量过程中，所有测压管的液面不应低于刻度，以免空气进入流道。

6. 实验报告

记录实验过程中的阀门开度、流量和液柱高度，换算流速，计算流体的动压头、静压头和压头损失。

7. 思考题

（1）对于不可压缩流体,在水平不等径的管内流动,其流速和管径的关系如何?

（2）关小流量调节阀 5 后,静压头会发生什么变化,为什么?

（3）在上述实验方法中如何得到截面上的动压头,总压头又是如何测定的?

（4）观察各个位置上机械能的相对大小,并做出结论。

实验 3　　流体流动综合实验

1. 实验目的

（1）了解几种常用流量计的构造、工作原理及特点。

（2）掌握流量计校正的方法。

（3）了解节流式流量计的流量系数 C 随雷诺数 Re 的变化规律,流量系数 C 的确定方法。

（4）学习直管摩擦阻力压力降 ΔR、直管摩擦系数 λ 的测定方法。

（5）掌握不同流量下摩擦系数 λ 与雷诺准数 Re 之间的变化关系及规律。

（6）了解离心泵的构造和操作,熟悉压强表和真空表的使用。

（7）学习离心泵曲线的测定方法,加深对离心泵的结构及使用的了解。

（8）掌握对数坐标系的使用方法。

2. 实验内容

1）流量计校正实验

（1）测定节流式流量计的流量校正曲线。

（2）测定节流式流量计的流量系数 C 和雷诺数 Re 的关系。

2）流体流动阻力测定实验

（1）测定光滑直管和粗糙直管内流体流动的摩擦阻力、直管摩擦系数 λ 与雷诺数 Re 之间的关系曲线。

（2）测定流体流经阀门时的局部阻力系数。

3）离心泵性能测定实验

（1）测定某型号的离心泵在一定转速下的特性曲线。

（2）测定离心泵出口阀门在某一开度下的管路特性曲线。

3. 实验原理

1）流量计校正实验

工业生产中使用的节流式流量计大都是按照标准规范制造和安装使用的,并由制造厂家在标准条件下以水或空气为介质进行标定。但在实际使用过程中,若温度、压力、介质的性质等条件与标定时不同,或流量计经长时间使用后磨损较大,或自行制造非标准流量计,就需要对流量计进行校正,重新确定其流量系数或校正曲线。

流量计的校正方法有体积法、称重法和标准流量计法等。体积法和称重法是通过对一定时间内排出的流体的体积或质量进行跟踪测量来校正流量计,而标准流量计法是采用一个已被事先校正过且准确度等级较高的流量计作为被校流量计的比较标准。本实验采用准确度等级较高的涡轮流量计作为标准流量计来校正节流式流量计。

流体通过节流式流量计时,在流量计上、下游的两测压口之间产生压强差,它与流量的关系为

$$V_s = CA_0 \sqrt{\frac{2(p_上 - p_下)}{\rho}}$$

（5-3）

式中　　V_s——被测流体（水）的体积流量,m^3/s;

　　　C——流量系数,无因次;

　　　A_0——流量计节流孔截面面积,m^2;

　　　$p_上 - p_下$——流量计上、下游两测压口之间的压强差,Pa;

　　　ρ——被测流体（水）的密度,kg/m^3。

用涡轮流量计作为标准流量计来测量流量 V_s,每一个流量在压差计上都有一对应的读数,将压差计读数 Δp 和流量 V_s 绘制成一条曲线,即流量标定曲线。同时,利用式（5-3）整理数据可进一步得到 $C\text{-}Re$ 关系曲线。

2）流体流动阻力测定实验

流体在圆直管流动时,由于本身的黏性及涡流的影响,会产生摩擦阻力。流体在管内流动时压头损失的大小与管长、管径、流体流速和摩擦系数有关,它们之间的关系如下:

$$H_f = \Delta R = \lambda \frac{lu^2}{2dg}$$

（5-4）

$$\lambda = \frac{2gd}{lu^2} \Delta R$$

（5-5）

$$Re = \frac{du\rho}{\mu}$$

（5-6）

式中　ΔR——直管摩擦阻力压力降,m;

　　　H_f——压头损失,m;

　　　l——管长,m;

　　　d——管径,m;

　　　u——流体在管内的平均流速,m/s;

　　　ρ——流体的密度,kg/m³;

　　　μ——流体的黏度,Pa·s。

摩擦系数 λ 与雷诺准数 Re 之间存在一定的函数关系,这个关系一般用曲线表示。在本实验的装置中,直管管长 l 和管径 d 都已经固定。在水温一定的情况下,流体的密度和黏度也是定值。所以,本实验本质上是测定压力降 ΔR 与流速 u 的关系。根据压力降 ΔR 与流速 u 可以计算出不同流速下的直管摩擦系数 λ 和管道局部阻力的摩擦系数及其相应的雷诺准数 Re,从而绘制出 λ 与 Re 的关系曲线。

3）离心泵性能测定实验

Ⅰ.离心泵特性曲线

在一定转速下,离心泵的压头(扬程)H、轴功率 N 和效率 η 均随流量 Q 的大小而改变,要选择合适的离心泵,必须先了解 H-Q,N-Q 以及 η-Q 的关系,而这三者的关系通常被称为离心泵的特性曲线。离心泵的特性曲线是选用合适的离心泵、确定泵的适宜工作条件的重要依据。

（1）离心泵的压头(扬程):

$$H = \Delta Z + \frac{P_m}{\rho g} + \frac{P_v}{\rho g} + \frac{u_2^2 - u_1^2}{2g} \qquad (5\text{-}7)$$

式中　ΔZ——压力表和真空表接头之间的垂直距离,m;

　　　P_m—— 压力表读数,MPa;

　　　P_v—— 真空表读数,MPa;

　　　u_1,u_2——吸入管和压出管的流速,m/s。

式（5-7）通过在离心泵的吸入口和排出口之间列伯努利方程得到,其中在吸入口和排出口之间的管路引起的阻力损失相对于其他项很小,故可以忽略。因此,测量离心泵的扬程只需测定管路的流量、压力表和真空表的读数和高度差以及离心泵的吸入口和排出口的管径。

（2）轴功率 N:功率表测得的功率为电动机的输入功率,由于离心泵由电动机直接带动,其传动效率可视为 1.0。因此,电动机的输出功率等于离心泵的轴功率。在本实验中,泵

的轴功率 = 功率表读数 $\times 15$ W。

（3）η 的测定：

$$\eta = \frac{N_e}{N} \times 100\% \qquad (5\text{-}8)$$

$$N_e = \frac{HQ\rho g}{1\,000} = \frac{HQ\rho}{102} \qquad (5\text{-}9)$$

式中　　η——泵效率，%；

　　　　N——泵的轴功率，W；

　　　　N_e——泵的有效功率，W；

　　　　H——泵的压头，m；

　　　　Q——泵的流量，m³/s；

　　　　ρ——水的密度，kg/m³。

Ⅱ. 管路特性曲线

离心泵安装在特定的管路系统中工作时，实际的工作压头和流量不仅与离心泵的性能有关，还与管路特性有关。

管路特性曲线是流体流经管路系统的流量与所需压头之间的关系。若将泵的特性曲线与管路特性曲线绘在同一坐标图上，两曲线的交点即为泵在该管路中的工作点。通过改变阀门开度来改变管路特性曲线，可求出泵的特性曲线。同样，也可以通过改变泵的转速来改变泵的特性曲线，从而得到管路特性曲线。

具体测定时应固定阀门开度不变，改变泵的转速，测出各转速下的流量以及相应的压力表和真空表读数，计算出泵的压头和扬程，绘出管路特性曲线。

4. 实验装置

流体综合实验装置如图 5-7 所示。

5. 实验步骤

1）流量计校正实验

（1）关闭离心泵出口的调节阀，启动离心泵，待泵运转稳定后逐渐开启流量调节阀，排净管路导压管内的气泡。

（2）关闭管路控制阀 13，打开流量调节阀 14，在转子流量计的量程范围内测取压差和流量数据。

（3）当流量超过转子流量计的量程时，关闭流量调节阀 14，打开管路控制阀 13，用管路控制阀 13 调节流量，测取压差和流量数据，并记录水温。

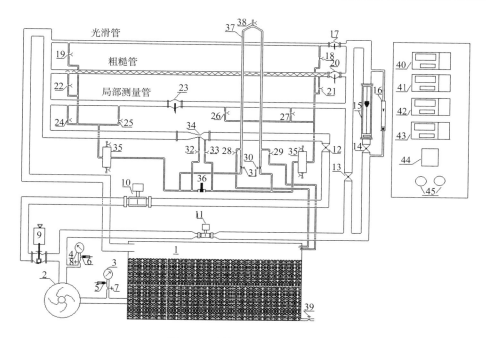

图 5-7　流体综合实验装置图

1—水箱；2—离心泵；3—真空表；4—压力表；5—真空传感器；6—压力传感器；7—真空表阀；8—压力表阀；9—智能阀；

10—大涡轮流量计；11—小涡轮流量计；12,13—管路控制阀；14—流量调节阀；15—大流量计；16—小流量计；

17—光滑管阀；18—光滑管测压进口阀；19—光滑管测压出口阀；20—粗糙管阀；21—粗糙管测压进口阀；

22—粗糙管测压出口阀；23—测局部阻力阀；24—测局部阻力压力远端出口阀；25—测局部阻力压力近端出口阀；

26—测局部阻力压力近端进口阀；27—测局部阻力压力远端进口阀；28,29—U 形管下端放水阀；

30—U 形管测压进口阀；31—U 形管测压出口阀；32,33—文丘里测压出 / 进口阀；

34—文丘里；35—压力缓冲罐；36—压力传感器；37—倒 U 形管；38—U 型管上端放空阀；

39—水箱放水阀；40,41,42,43—数显表；44—变频器；45—总电源

（4）实验结束后关闭流量调节阀，关闭泵的开关，切断电源。

2）流体流动阻力测定实验

（1）向储水槽内注入蒸馏水，直到水满为止。

（2）首先将阀门 7，8，12，13，14，23，24，25，26，27，28，29，32，33，38 关闭，阀门 18，19，20，21，22，30，31 全开，打开总电源开关，用变频调速器启动离心泵。将阀门 14 缓慢打开，在大流量状态下把实验管路中的气泡排出。

将流量调为 0，关闭 30、31 阀门，打开 38 阀门后，分别缓慢打开 28、29 阀门，将 U 形管内两液柱将到管中心位置，再关闭阀门 28、29，打开阀门 30、31，若空气 - 水倒置 U 形管内两液柱的高度差不为 0，则说明系统内有气泡存在，需排净气泡方可测取数据。

排气泡的方法：将流量调至较大，重复（2）排出导压管内的气泡，直至排净为止。

（3）待管路中气泡排净后开始实验，被测管路阀门全部打开，不测管路的阀门关闭。

（4）在流量稳定的情况下,测得直管阻力压差。测取数据的顺序可从大流量至小流量,反之也可。一般测 15~20 组数,建议当流量读数小于 200 L/h 时,只用空气－水倒置 U 形管测压差。

（5）待数据测量完毕,关闭流量调节阀,切断电源。

（6）粗糙管、局部阻力测量方法同前。

3）离心泵性能测定实验

Ⅰ. 离心泵特性曲线的测量

（1）首先将全部阀门关闭,打开总电源开关,用变频调速器启动离心泵。

（2）缓慢打开调节阀 **12** 至全开,待系统内流体稳定,即系统内已没有气体,打开压力表和真空表的开关,方可测取数据。

（3）测取数据的顺序可从最大流量至 0,或反之,一般测 15~20 组数据。

（4）每次测量同时记录大涡轮流量计流量和压力表、真空表、功率表的读数及流体温度。

Ⅱ. 管路特性的测量

（1）将全部阀门关闭。打开总电源开关,用变频调速器启动离心泵,将流量调节阀 12 调至某一状态(使系统的流量为一固定值)。

（2）调节离心泵电机频率以得到管路特性改变状态,调节范围为 0~50 Hz。

注:利用变频器上（∧）、（∨）和（RESET）键调节频率,调节完后点击（READ/ENTER）键确认即可。

（3）每改变电机频率一次,记录以下数据:大涡轮流量计的流量、泵入口真空度、泵出口压强。

（4）实验结束,关闭调节阀,停泵,切断电源。

6. 注意事项

1）流量计校正实验

离心泵启动前要检查所有的阀门是否处于关闭状态以及阀门 13、14 的开关状态。

2）流体流动阻力测定实验

离心泵启动以及测量另一条管路之前需检查所有的阀门是否处于关闭状态;测量数据时关闭平衡阀门;调节一个流量后需等待管路中水流稳定后方可读数。

3）离心泵性能测定实验

离心泵启动前要灌泵,并检查所有的阀门是否处于关闭状态。

7. 实验报告

1）流量计校正实验

选用合适的坐标系,绘制流量标定曲线、流量系数 C 与雷诺数 Re 的关系曲线。

2）流体流动阻力测定实验

选用合适的坐标系,绘制光滑管和粗糙管的 λ-Re 曲线,并根据曲线说明粗糙度和雷诺数对 λ 的影响。

3）离心泵性能测定实验

选用合适的坐标系,绘制离心泵特性曲线;在上述坐标系中画出某一阀门开度下的管路特性曲线,并标出工作点。

8. 思考题

（1）若要数据点在曲线上尽可能均匀分布,应如何选取流量的测定点?

（2）本实验用水为工作介质做出的 λ~Re 曲线,对于其他流体是否适用,为什么?

（3）本实验测定的是水平直管的流动阻力,若将水平管改为垂直管,则由压差 ΔR 计算摩擦系数 λ 的公式与水平管是否相同,为什么?

（4）为扩大 Re 的测量范围,可以对设备做哪些改动,若不改变设备能否扩大 Re 的测量范围?

（5）在低流量下使用压力传感器测压时,其精度会受到一定的限制。如果想在低流量下精确测量管路的压强降,实验的管路系统应添加何种测压装置,做怎样的改动?

（6）随着泵出口流量调节阀开度的增大,泵的流量增加时,入口的真空度及出口压力如何变化,为什么?

（7）离心泵的流量为什么可以通过出口阀来调节? 往复泵的流量是否也可采用同样的方法来调节,为什么?

（8）在实验中为了获得比较好的实验结果,实验流量范围的上限应达到最大流量,下限应小到流量为零,并且一定要读取流量为零的实验点数据,为什么?

实验 4　过滤实验

1. 实验目的

（1）掌握恒压过滤常数 K、通过单位过滤面积的当量滤液量 q_e 和当量过滤时间 θ_e 的测定方法,加深对 K、q_e、θ_e 的概念和影响因素的理解。

（2）学习滤饼的压缩性指数 s 和滤浆的特性常数 k 的测定方法。

（3）掌握正交实验方法的基本步骤与原理。

（4）学习一元线性回归拟合数据方法。

2. 实验内容

（1）设定压差、滤浆浓度、过滤温度为因素，且每个因素设定若干水平。由4个小组共同完成正交实验，实验指标为恒压过滤常数 K，并对实验指标进行极差分析和方差分析。

（2）利用最小二乘法或作图法求解 K、q_e、θ_e。

3. 实验原理

在过滤过程中，由于固体颗粒不断被截留在介质表面上，滤饼厚度增加，液体流过固体颗粒之间的孔道加长，从而使流体阻力增加，故恒压过滤时过滤速率逐渐下降。随着过滤进行，若要得到相同的滤液量，则过滤时间增加。

恒压过滤的基本方程式：

$$(q+q_e)^2=K(\theta+\theta_e) \tag{5-10}$$

式中　q——单位过滤面积上的滤液体积，m^3/m^2；

　　　q_e——单位过滤面积上的当量滤液体积，m^3/m^2；

　　　θ——实际过滤时间，s；

　　　θ_e——当量过滤时间，s；

　　　K——恒压过滤常数，m^2/s。

将式（5-10）进行微分，可得

$$\frac{\mathrm{d}\theta}{\mathrm{d}q}=\frac{2}{K}q+\frac{2}{K}q_e \tag{5-11}$$

将 $\dfrac{\mathrm{d}\theta}{\mathrm{d}q}$ 对 q 作图，可得一条直线。其斜率为 $\dfrac{2}{K}$，截距为 $\dfrac{2}{K}q_e$，因此可以求得 K 和 q_e。θ_e

由 $q_e^2=K\theta_e$ 求得。在实验测定时，$\dfrac{\mathrm{d}\theta}{\mathrm{d}q}$ 可用增量比 $\dfrac{\Delta\theta}{\Delta q}$ 代替。

对于可压缩滤饼，过滤常数定义为

$$K=2k\Delta p^{1-s} \tag{5-12}$$

两边取对数，得

$$\ln K=(1-s)\ln \Delta p+\ln(2k) \tag{5-13}$$

因此，$\ln K$ 和 $\ln \Delta p$ 为直线关系，通过斜率可以得到压缩性指数 s，由截距可以求得滤浆特性常数 k。

4. 实验装置

恒压过滤实验装置如图 5-8 所示,过滤器结构如图 5-9 所示。

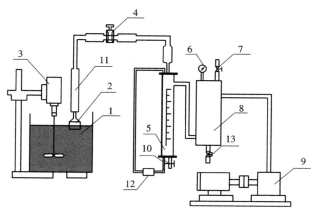

图 5-8　恒压过滤实验装置图

1—滤浆槽;2—过滤漏斗;3—搅拌电机;4—真空旋塞;5—积液瓶;6—真空压力表;

7—针形放空阀;8—缓冲罐;9—真空泵;10—放液阀;11—真空胶皮管;12—压差针;13—缓冲罐放液阀

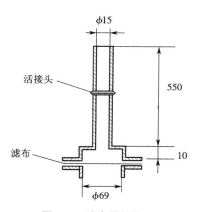

图 5-9　过滤器结构图

5. 实验步骤

（1）系统接上电源,启动电动搅拌器,待槽内浆液搅拌均匀,将过滤漏斗按图 5-8 所示安装好,固定于浆液槽内。

（2）打开放空阀 7,关闭真空旋塞 4 及放液阀 10。

（3）启动真空泵 9,用放空阀 7 及时调节系统内的真空度,使真空表的读数稍大于指定值,然后打开真空旋塞 4 进行抽滤。此后时间内应注意观察真空表的读数应恒定于指定值。当积液瓶 5 滤液达到 100 mL 刻度时按表计时,作为恒压过滤时间的零点。记录滤液每增加 100 mL 所用的时间。当积液瓶读数为 800 mL 时停止计时,并立即关闭真空旋塞 4。

（4）把放空阀 7 全开,关闭真空泵 9,打开真空旋塞 4,利用系统内的大气压和液位高度差把吸附在过滤介质上的滤饼压回槽内,放出积液瓶内的滤液并倒回槽内,以保证滤浆浓度恒定,并卸下过滤漏斗洗净待用。

（5）改变真空度重复上述实验。

（6）各学校可根据不同的实验要求,自行选择不同的真空度测定过滤常数:K,q_e,θ_e 及 s,k。

6. 注意事项

（1）实验前认真核对本组进行正交实验的因素和水平的规定。

（2）放出滤液时,先关闭真空泵开关,再将滤液倒回槽内,防止滤浆浓度变化。

（3）实验后将滤布清洗干净。

7. 实验报告

（1）将测量得到的过滤时间 $\Delta\theta$、贮浆罐压力 Δp 列于数据表中。

（2）在不同压力下,拟合得到过滤常数 K 和单位过滤面积上的当量滤液体积 q_e,以一组数据为例写出数据的计算过程,并在坐标纸上绘出,并对 K 进行方差、极差分析。

8. 思考题

（1）在恒压过滤实验的 $\Delta\theta_i$ 与 Δq_i 关系数据中,最后一组往往偏高。试解释这一现象,并说明通过线性回归拟合过滤常数 K 和当量滤液体积 q_e 时需注意的问题。

（2）在过滤的开始阶段往往出现滤液的浑浊现象,试解释原因。

（3）在恒压过滤条件下,是否过滤时间越长,过滤设备的生产能力就越大?

实验 5　传热综合实验

1. 实验目的

（1）掌握空气－水蒸气体系传热膜系数的测定方法。

（2）通过实验掌握确定传热准数关联式中的系数 A 和指数 m、n 的方法。

（3）通过实验提高对传热准数关联式的理解,并分析影响传热膜系数的因素,了解工程上强化传热的措施。

（4）了解 Pt 电阻测温的原理和使用方法。

2. 实验内容

（1）测定不同流速下简单套管换热器及强化套管换热器的对流传热系数 α_i。

（2）对 α_i 的实验数据进行线性回归,确定关联式 $Nu=ARe^mPr^{0.4}$ 中常数 A、m 的数值。

（3）通过关联式 $Nu=ARe^mPr^{0.4}$ 计算出 Nu、Nu_0,并确定传热强化比 Nu/Nu_0。

3. 实验原理

对流传热的核心问题是求算传热膜系数,当流体无相变时,对流传热准数关联式的一般形式为

$$Nu = ARe^m Pr^n Gr^p \qquad\qquad （5\text{-}14）$$

对于强制湍流而言,Gr 准数可以忽略,故

$$Nu = ARe^m Pr^n \qquad\qquad （5\text{-}15）$$

本实验中,可用图解法和最小二乘法计算上述准数关联式中的指数 m、n 和系数 A。

用图解法对多变量方程进行关联时,要对不同变量 Re 和 Pr 分别回归。本实验可简化式(5-15),即取 $n=0.4$(流体被加热)。这样,式(5-15)即变为单变量方程,在两边取对数,即得到直线方程:

$$\lg \frac{Nu}{Pr^{0.4}} = \lg A + m\lg Re \qquad\qquad （5\text{-}16）$$

在双对数坐标系中作图,找出直线斜率,即为方程的指数 m。在直线上任取一点的函数值代入方程,则可得到系数 A,即

$$A = \frac{Nu}{Pr^{0.4} Re^m} \qquad\qquad （5\text{-}17）$$

用图解法根据实验点确定直线位置有一定的人为性。而用最小二乘法回归,可以得到最佳关联结果。应用计算机对多变量方程进行一次回归,就能同时得到 A、m、n。

对于方程的关联,首先要有 Nu、Re、Pr 的数据组。其准数定义式分别为

$$Re = \frac{du\rho}{\mu}、\; Pr = \frac{Cp\mu}{\lambda}、\; Nu = \frac{\alpha d}{\lambda} \qquad\qquad （5\text{-}18）$$

实验中改变空气的流量,以改变 Re 准数值。根据定性温度(空气进、出口温度的算术平均值)计算对应的 Pr 准数值。同时,由牛顿冷却定律,求出不同流速下的传热膜系数 α 值,进而算得 Nu 准数值。

$$Q = \alpha \cdot A \cdot \Delta t_m \qquad\qquad （5\text{-}19）$$

式中　α——传热膜系数,$W/(m^2 \cdot ℃)$;

　　Q——传热量,W;

　　A——总传热面积,m^2;

　　Δt_m——管壁温度与管内流体温度的对数平均温差,$℃$。

因此,传热膜系数为

$$\alpha=Q/(A \cdot \Delta t_m) \tag{5-20}$$

平均温差由下式确定:

$$\Delta t_m = t_w - \left(\frac{t_1+t_2}{2}\right) \tag{5-21}$$

式中　t_1,t_2——空气(冷流体)的进/出口温度,℃;

t_w——壁面平均温度,℃。

管内换热面积为

$$A=\pi D_{in}L$$

式中　D_{in}——传热管内径,m;

L——传热管的实际长度,m。

传热量可由下式求得:

$$Q=W \cdot C_p(t_2-t_1)/3\,600=\rho \cdot V \cdot C_p(t_2-t_1)/3\,600 \tag{5-22}$$

式中　W——质量流量,kg/h;

C_p——流体定压比热,J/(kg·℃);

t_1,t_2——流体进/出口温度,℃;

ρ——定性温度下流体密度,kg/m³;

V——空气体积流量,m³/s。

强化传热技术可以使初设计的传热面积减小,从而减小换热器的体积和重量,提高现有换热器的换热能力,达到强化传热的目的。同时,换热器能够在较低温差下工作,减少换热器工作阻力,以减少动力消耗,从而更合理、有效地利用能源。强化传热的方法有多种,本实验装置采用了螺旋线圈的强化方式,其结构如图5-10所示。螺旋线圈由直径3 mm以下的铜丝和钢丝按一定节距绕成。将金属螺旋线圈插入并固定在管内,即可构成一种强化传热管。在近壁区域,流体一方面由于螺旋线圈的作用而发生旋转,另一方面还周期性地受到线圈的螺旋金属丝的扰动,因而可以使传热强化。由于绕制线圈的金属丝直径很细,流体旋流强度也较弱,所以阻力较小,有利于节省能源。螺旋线圈是以线圈节距 H 与管内径 d 的比值以及管壁粗糙度($2d/h$)为主要技术参数,且长径比是影响传热效果和阻力系数的重要因素。

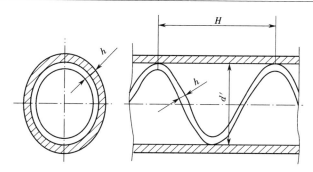

图 5-10　螺旋线圈的结构图

科学家通过实验研究总结了形式为 $Nu=ARe^m$ 的经验公式,其中 A 和 m 的值因强化方式不同而不同。在本实验中,确定不同流量下的 Re_i 与 Nu_i,用线性回归方法可确定 A 和 m 的值。

单纯研究强化手段的强化效果(不考虑阻力的影响),可以用强化比的概念作为评判准则,它的形式是 Nu/Nu_0,其中 Nu 是强化管的努赛尔准数,Nu_0 是普通管的努赛尔准数。显然,强化比 $Nu/Nu_0 > 1$,而且它的值越大,强化效果越好。需要说明的是,如果评判强化方式的真正效果和经济效益,则必须考虑阻力因素,阻力系数随着换热系数的增加而增加,从而导致换热性能的降低和能耗的增加,只有强化比较高,且阻力系数较小的强化方式,才是最佳的强化方法。

4. 实验装置

空气 - 水蒸气传热综合实验装置如图 5-11 所示。

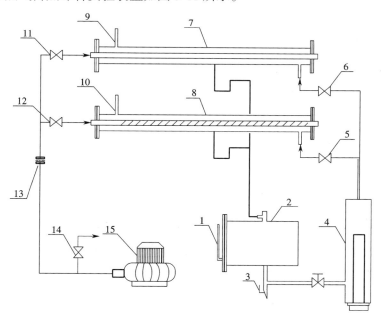

图 5-11　空气 - 水蒸气传热综合实验装置图

1—液位管;2—储水罐;3—排水阀;4—蒸汽发生器;5—强化套管蒸汽进口阀;6—普通套管蒸汽进口阀;
7—普通套管换热器;8—内插有螺旋线圈的强化套管换热器;9—普通套管蒸汽出口;10—强化套管蒸汽出口;
11—普通套管空气进口阀;12—强化套管空气进口阀;13—孔板流量计;14—空气旁路调节阀;15—旋涡气泵加水口

设备主要技术数据见表 5-1。

表 5-1　实验装置结构参数

实验内管内径 d_i/mm		20.0
实验内管外径 d_o/mm		22.0
实验外管内径 D_i/mm		50
实验外管外径 D_o/mm		57.0
测量段（紫铜内管）长度 L/m		1.20
强化内管内插物（螺旋线圈）尺寸	丝径 h/mm	1
	节距 H/mm	40
加热釜	操作电压	$\leqslant 200$ V
	操作电流	$\leqslant 10$ A

5. 实验步骤

（1）实验前的准备、检查工作。

①向储水罐中加水至液位计上端处。

②检查空气流量旁路调节阀是否全开。

③检查蒸汽管支路各控制阀是否已打开，保证蒸汽和空气管线畅通。

④接通电源总闸，设定加热电压，启动电加热器开关，开始加热。

（2）实验开始。

①关闭通向强化套管的阀门5，打开通向普通套管的阀门6，当普通套管换热器的放空口⑨有水蒸气冒出时，可启动风机，此时要关闭阀门12，打开阀门11。在整个实验过程中，始终保持换热器出口处有水蒸气冒出。

②启动风机后，用放空阀14来调节流量，调好某一流量后稳定 3~5 min 后，分别测量空气的流量、空气进/出口的温度及壁面温度；然后改变流量，再测量下组数据。一般从小流量到最大流量之间，要测量 5~6 组数据。

③测完普通套管换热器的数据后，要进行强化套管换热器实验。先打开蒸汽支路阀5，全部打开空气旁路阀14，关闭蒸汽支路阀6，打开空气支路阀12，关闭空气支路阀11，进行强化套管传热实验，实验方法同步骤2。

（3）实验结束后，依次关闭加热电源、风机和总电源，一切复原。

6. 注意事项

（1）检查蒸汽加热釜中的水位是否在正常范围内。特别是每个实验结束后，进行下一实验之前，如果发现水位过低，应及时补给水量。

（2）必须保证蒸汽上升管线的畅通,即在给蒸汽加热釜电压之前,两蒸汽支路阀门之一必须全开。在转换支路时,应先开启需要的支路阀,再关闭另一侧,且开启和关闭阀门必须缓慢,防止管线截断或蒸汽压力过大突然喷出。

（3）必须保证空气管线的畅通,即在接通风机电源之前,两个空气支路控制阀之一和旁路调节阀必须全开。在转换支路时,应先关闭风机电源,然后开启和关闭支路阀。

（4）调节流量后,应至少稳定 3~8 min 后再读取实验数据。

（5）实验中保持上升蒸汽量稳定,不应改变加热电压,且保证蒸汽放空口一直有蒸汽放出。

7. 实验报告

（1）计算换热量、对流传热系数、总传热系数和各准数,并将所有数据列于表格中。取一组数据举例说明 Nu、Re、Pr 的计算过程。

（2）回归准数关联式,给出回归结果和具体的误差分析。

（3）在双对数坐标纸上绘出 Nu-Re 的关系曲线。

（4）对实验结果进行分析讨论。

8. 思考题

（1）传热管内壁温度、外壁温度和壁面平均温度认为近似相等,为什么?

（2）若想求出准数关联式 $Nu=ARe^mPr^n$ 中的 A 和 m,如何设计实验?

实验 6　填料塔吸收实验

1. 实验目的

（1）学习并了解填料吸收塔的基本流程及设备结构,并练习操作吸收塔。

（2）了解填料塔的流体力学性能及其表征方法。

（3）掌握通过测定总体积吸收系数获得填料吸收塔的传质能力和传质效率的方法。

2. 实验内容

（1）在不同液相流量下测定塔压降与空塔气速的关系,确定液泛气速。

（2）在固定液相流量和入塔混合气（氨或 CO_2）的浓度下,在低于液泛气速的范围内取两个间隔较大的气相流量,计算塔的传质能力（传质单元数和回收率）和传质效率（传质单元数和总体积吸收系数）。

3. 实验原理

1）填料塔的流体力学性能

填料塔是一种应用很广泛的气液传质设备,它具有结构简单、压降低、填料易用耐腐蚀材料制造等优点。

在填料塔内液膜所流经的填料表面是许多填料堆积而成的,形状极不规则。这种不规则的填料表面有助于液膜的湍动。特别是当液体自一个填料通过接触点流至下一个填料时,原来在液膜内层的液体可能转而处于表面,而原来处于表面的液体可能转入内层,由此产生所谓表面更新现象。这将有力地加快液相内部的物质传递,是填料塔内气液传质中的有利因素。但是,也应该看到,在乱堆填料层中可能存在某些液流所不及的死角。这些死角虽然是湿润的,但液体基本上处于静止状态,对两相传质贡献不大。

液体在乱堆填料层内流动所经历的路径是随机的。当液体集中在某点进入填料层并沿填料流下时,液体将成锥形逐渐散开。这表明乱堆填料层是具有一定的分散液体的能力。因此,乱堆填料层对液体预分布没有苛刻的要求。而在填料表面流动的液体部分地汇集成小沟,形成沟流,使部分填料表面未能润湿。

综合上述两方面的因素,液体在流经足够高的一段填料层之后,将形成一个发展的液体分布,称为填料的特征分布。特征分布是填料的特性,规整填料的特征分布优于散装填料。在同一填料塔中,喷淋液量越大,特征分布越均匀。在填料塔中流动的液体占有一定的体积,操作时单位填充体积所具有的液体量称为持液量(m³/m³)。持液量与填料表面的液膜厚度有关。液体喷淋量大,液膜增厚,持液量也加大。在一般填料塔操作的气速范围内,由于气体上升对液膜流下造成的阻力可以忽略,气体流量对液膜厚度及持液量的影响不大。在填料层内,由于气体的流动通道较大,因而一般处于湍流状态。当气液两相逆流流动时,液膜占去了一部分气体流动的空间。在相同的气体流量下,填料空隙间的实际气速有所增加,压降也相应增大。同理,在气体流量相同的情况下,液体流量越大,液膜越厚,压降也越大。已知在干填料层内,气体流量的增大,将使压降按 1.8~2.0 次方增长。当填料层内存在两相逆流流动(液体流量不变)时,压强随气体流量增加的趋势要比干填料层大。这是因为气体流量的增大,使液膜增厚,塔内自由界面减少,气体的实际流速更大,从而造成附加的压降增高。低气速操作时,膜厚随气速变化不大,液膜增厚所造成的附加压降增高并不明显。如图 5-12 所示,此时压降曲线基本上与干填料层的压降曲线平行。高气速操作时,气速增大引起的液膜增厚对压降有显著影响,此时压降曲线变陡,其斜率可远大于2。

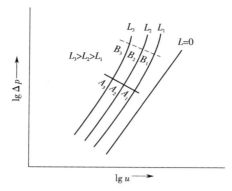

图 5-12　填料塔压降与空塔气速的关系

图 5-12 中，A_1、A_2、A_3 等点表示在不同液体流量下，气液两相流动的交互影响开始变得比较显著，这些点称为载点。不难看出，载点的位置不是十分明确，但它提示人们，自载点开始，气液两相流动的交互影响已不容忽视；自载点以后，气液两相的交互作用越来越强烈。当气液流量达到某一定值时，两相的交互作用恶性发展，将出现液泛现象，在压降曲线上，出现液泛现象的标志是压降曲线近于垂直。压降曲线明显变为垂直的转折点（如图 5-12 所示的 B_1、B_2、B_3 等点）称为泛点。

前已述及，在一定液体流量下，气体流量越大，液膜所受的阻力亦随之增大，液膜平均流速减小而液膜增厚。在泛点之前，平均流速减小可由膜厚增加而抵消，进入和流出填料层的液量可重新达到平衡。因此，在泛点之前，每一个气量对应一个膜厚，此时液膜可能很厚，但气体仍保持为连续相。但是，当气速增大至泛点时，出现了恶性循环，此时气量稍有增加，液膜将增厚，实际气速将进一步增加；实际气速的增大反过来促使液膜进一步增厚。在泛点时，尽管气量维持不变，但相互作用终不能达到新的平衡，塔内持液量将迅速增加。最后，液相转为连续相，而气相转而成为分散相，以气泡形式穿过液层。泛点对应于上述转相点，此时塔内充满液体，压降剧增，塔内液体返混和气体的液沫夹带现象严重，传质效果极差。

2）传质性能

吸收系数是表征吸收过程中吸收速率高低的基本参数，它的大小一般受到吸收塔操作条件、填料结构与尺寸以及气液接触状况的影响。

Ⅰ. 易溶气体的吸收（氨吸收）

本实验采用水吸收空气和氨气混合气体（氨气为低浓度，摩尔比不超过 0.02）中的氨，由于吸收在低浓度下进行，气液相平衡关系服从亨利定律，可用方程式 $Y^*=mX$ 描述。

气相总传质系数 $K_Y\alpha$ 可以采用如下公式表示：

$$K_Y\alpha = \frac{V}{H_{OG}\Omega}\tag{5-23}$$

$$H_{OG} = \frac{Z}{N_{OG}} \tag{5-24}$$

$$N_{OG} = \frac{Y_1 - Y_2}{\Delta Y_m} \tag{5-25}$$

式中　V——惰性气体（空气）流量，kmol/s；

　　　Z——填料层高度，m；

　　　α——每立方米填料的有效气液传质面积，m²/m³；

　　　Ω——塔的横截面面积，m²；

　　　Y_1，Y_2——进/出口气体中溶质和惰性气体的摩尔比，kmol（溶质）/kmol（惰性气体）；

　　　ΔY_m——所测填料层两端面上气相总对数平均推动力，kmol（溶质）/kmol（惰性气体），有

$$\Delta Y_m = \frac{\Delta Y_1 - \Delta Y_2}{\ln \dfrac{\Delta Y_1}{\Delta Y_2}} \tag{5-26}$$

式中　ΔY_2，ΔY_1——填料层上/下端面上气相推动力，有

$$\Delta Y_1 = Y_1 - mX_1, \Delta Y_2 = Y_2 - mX_2 \tag{5-27}$$

式中　X_1，X_2——进/出口液体中溶质和惰性组分的摩尔比，kmol（溶质）/kmol（溶剂）；

　　　m——相平衡常数。

Ⅱ.难溶气体 CO_2 的吸收

液相总体积吸收系数 $K_X\alpha$ 可以采用如下公式计算：

$$K_X\alpha = \frac{L}{H_{OL}\Omega} \tag{5-28}$$

$$H_{OL} = \frac{Z}{N_{OL}} \tag{5-29}$$

$$N_{OL} = \frac{X_1 - X_2}{\Delta X_m} \tag{5-30}$$

式中　L——单位时间通过吸收塔的溶剂量，kmol/s；

　　　Z——填料层高度，m；

　　　α——每立方米填料的有效气液传质面积，m²/m³；

　　　Ω——塔的横截面面积，m²；

　　　X_1，X_2——进出口液体中溶质和惰性组分的摩尔比，kmol（溶质）/kmol（溶剂）；

ΔX_{m}——所测填料层两端面上液相总对数平均推动力,kmol(溶质)/kmol(溶剂),有

$$\Delta X_{m} = \frac{\Delta X_{1} - \Delta X_{2}}{\ln \frac{\Delta X_{1}}{\Delta X_{2}}}$$ (5-31)

式中 $\Delta X_{1}, \Delta X_{2}$——填料层上 / 下端面上的液相推动力,kmol(溶质)/kmol(溶剂),有

$$\Delta X_{1} = \frac{Y_{1}}{m} - X_{1}, X_{2} = \frac{Y_{2}}{m} - X_{2}$$ (5-32)

式中 Y_{1}, Y_{2}——进 / 出口液体中溶质和惰性组分的摩尔比,kmol(溶质)/kmol(溶剂);

m——相平衡常数。

4. 实验装置

(1)氨吸收实验装置,如图 5-13 所示。

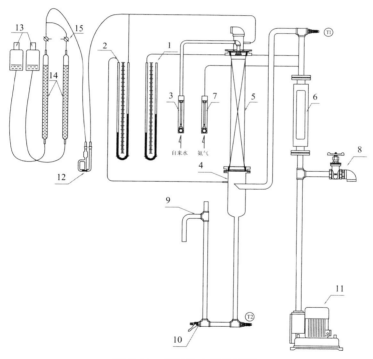

图 5-13 氨吸收实验装置图

1—空气压降 U 形管;2—塔压降 U 形管;3—吸收液流量计;4—吸收塔;5—填料;6—空气流量计;7—氨气流量计;
8—旁路调节阀;9—π 形管;10—放液阀;11—风机;12—反应瓶;13—下口瓶;14—量气瓶;15—三通阀

(2)CO_2 吸收 - 解吸实验装置,如图 5-14 所示。

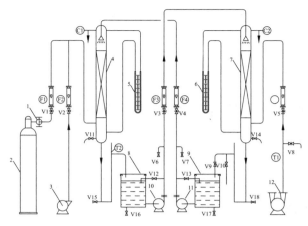

图 5-14　CO₂ 吸收－解吸实验装置图

1—减压阀；2—CO₂ 钢瓶；3—空气压缩机；4—填料吸收塔；5、6—U 形管压差计；7—填料解吸塔；

8、9—水箱；10、11—离心泵；12—旋涡气泵；F1—CO₂ 流量计；F2—空气流量计；F3、F4—水流量计；

F5—空气流量计；T1—空气温度；T2—吸收液体温度；V1 至 V18—阀门

5. 实验步骤

1）氨吸收塔填料塔性能实验

Ⅰ. 测量干填料层 $\Delta p/Z$-u 关系曲线

首先全开调节阀 8，后启动鼓风机。用调节阀 8 调节进塔的空气流量，按空气流量从小到大顺序，分别读取填料层压降 Δp、转子流量计读数和流量计处空气温度，然后在对数坐标纸上以空塔气速 u 为横坐标，以单位高度压降 $\Delta p/Z$ 为纵坐标，标绘干填料层（$\Delta p/Z$）-u 关系曲线。

Ⅱ. 测量某喷淋量下填料层 $\Delta p/Z$-u 关系曲线

调节水喷淋量为 50 L/h，采用与上面相同的方法读取填料层压降 Δp、转子流量计读数和流量计处空气温度，并注意观察塔内的操作现象，一旦看到液泛现象，马上记下对应的空气转子流量计读数。在对数坐标纸上标出液体喷淋量为 50 L/h 时 $\Delta p/Z$-u 关系曲线，确定液泛气速，并与观察到的液泛气速相比较。

2）氨吸收实验

（1）选择适宜的空气流量和水流量（建议水流量取 40 L/h），根据空气转子流量计读数，为保证混合气体中氨组分为 0.02~0.03 摩尔比，计算出氨气流量计流量读数。

（2）调节好空气流量和水流量，打开氨气瓶总阀调节氨流量，使其达到需要值，在空气、氨气和水流量不变条件下，等待一定时间过程基本稳定后，记录各流量计读数和温度以及塔底排出液温度，并分析塔顶尾气及塔底吸收液浓度。

（3）尾气分析方法。

①排出两个量气管内的空气,使其水面达到最上端的刻度线零点处,关闭三通旋塞。

②用移液管向吸收瓶内移入 5 mL 浓度为 0.005 M 左右的硫酸,加入 1~2 滴甲基橙指示液摇匀。

③将水准瓶移至下方实验架上,缓慢旋转三通旋塞,让塔顶尾气通过吸收瓶,旋塞开度不宜过大,使吸收瓶内液体以适宜的速度不断循环流动为限。

从尾气开始通入吸收瓶起就注意观察瓶内液体颜色,当中和反应达到终点时(以指示剂变色为准),立即关闭三通旋塞,在量气管内水面与水准瓶内水面齐平条件下,读取量气管内空气体积并记录。

若某量气管内已充满空气,但吸收瓶内仍未达到终点,可关闭对应的三通旋塞,读取该量气管内的空气体积,同时启用另一个量气管,继续让尾气通过吸收瓶。

④用以下公式计算尾气浓度 Y_2。

氨与硫酸中和反应式为

$$2NH_3+H_2SO_4=(NH_4)_2SO_4$$

到达化学计量点(滴定终点)时,被滴物的摩尔数 $n(NH_3)$ 和滴定剂的摩尔数 $n(H_2SO_4)$ 之比为 2∶1,则有

$$n(NH_3)=2n(H_2SO_4)=2M(H_2SO_4)\cdot V(H_2SO_4)$$

$$Y_2=\frac{n(NH_3)}{n(空气)}=\frac{2M(H_2SO_4)\cdot V(H_2SO_4)}{V_{量气管}\times\dfrac{T_0}{T_{量气管}}/22.4} \tag{5-33}$$

式中　$n(NH_3)$,$n(空气)$——NH_3 和空气的摩尔数;

　　　$M(H_2SO_4)$——硫酸溶液体积摩尔浓度,mol(溶质)/L(溶液);

　　　$V(H_2SO_4)$——硫酸溶液的体积,mL;

　　　$V_{量气管}$——量气管内空气的总体积,mL;

　　　T_0——标准状态时绝对温度,273K;

　　　T——操作条件下的空气绝对温度,K。

(4)塔底吸收液的分析方法。

①当尾气分析吸收瓶达中点后,即用三角瓶接取塔底吸收液样品约 200 mL 并加盖。

②用移液管取塔底溶液 10 mL 置于另一个三角瓶中,加入 2 滴甲基橙指示剂。

③将浓度约为 0.05 mol/L 的硫酸置于酸滴定管内,用以滴定三角瓶中的塔底溶液至终点。

(5)水喷淋量保持不变,加大或减小空气流量,相应改变氨流量,使混合气中的氨浓度

与第一次传质实验时相同,重复上述操作,测定有关数据。

3.CO_2 吸收塔塔性能

将水箱 8 和水箱 9 灌满蒸馏水或去离子水,接通实验装置电源,并按下总电源开关。打开空气旁路调节阀 V8 至全开,启动解吸风机 12。打开空气流量计 F5 下的阀门 V5,逐渐关小阀门 V7 的开度,调节进塔的空气流量。稳定后读取填料层压降 Δp 即 U 形管液柱压差计的数值,然后改变空气流量,空气流量从小到大,共测定 6~10 组数据。在对实验数据进行分析处理后,在对数坐标纸上以空塔气速 u 为横坐标,单位高度的压降 $\Delta p/Z$ 为纵坐标,标绘干填料层 $\Delta p/Z$-u 关系曲线。

将水流量固定在 140 L/h 左右(水流量大小可因设备调整),采用上面相同步骤调节空气流量,稳定后分别读取并记录填料层压降 Δp、转子流量计读数和流量计处所显示的空气温度,操作中随时注意观察塔内现象,一旦出现液泛,立即记下对应空气转子流量计读数。根据实验数据在对数坐标纸上标出液体喷淋量为 140 L/h 时的 $\Delta p/Z$-u 关系曲线,并在图上确定液泛气速以及其与观察到的液泛气速相比较是否吻合。

4.CO_2 吸收 – 解吸实验

(1)关闭吸收液泵 11 的出口阀,启动吸收液泵 11,关闭空气转子流量计 F2,二氧化碳转子流量计 F1 与钢瓶连接。

(2)打开吸收液转子流量计 F4,调节到 100 L/h,待有水从吸收塔顶喷淋而下,从吸收塔底的 π 形管尾部流出后,启动吸收气泵 3,调节转子流量计 F2 到指定流量,同时打开二氧化碳钢瓶调节减压阀,调节二氧化碳转子流量计 F1,按二氧化碳与空气的比例在 10%~20% 计算出二氧化碳的空气流量。

(3)吸收进行 15 min 并操作达到稳定状态之后,测量塔底吸收液的温度,同时在塔顶和塔底取液相样品并测定吸收塔顶、塔底溶液中二氧化碳的含量。

(4)溶液二氧化碳含量测定。用移液管吸取 0.1 mod/L 左右的 Ba(OH)$_2$ 标准溶液 10 mL 并放入三角瓶中,从取样口处接取塔底溶液 10 mL,用胶塞塞好振荡。在溶液中加入 2~3 滴甲基红(或酚酞)指示剂并摇匀,用 0.1 mod/L 左右的盐酸标准溶液滴定到粉红色消失即为终点。

按下式计算得出溶液中二氧化碳的含量:

$$C_{CO_2} = \frac{2C_{Ba(OH)_2}V_{Ba(OH)_2} - C_{HCl}V_{HCl}}{2V_{溶液}} \ mol/L \qquad (5\text{-}34)$$

6. 注意事项

(1)做氨吸收实验时,水流量应保持在规定范围内,否则尾气浓度会很低。

（2）由于 CO_2 溶解度很低,因此滴定时应十分仔细认真。

（3）实验结束后,先关闭气瓶总阀。

7. 实验报告

（1）做出塔压降与空塔气速的关系图,确定液泛气速。

（2）计算以 ΔY(或 ΔX)为推动力的总体积吸收系数。

8. 思考题

（1）测定填料塔的 $\Delta p/Z$-u 曲线有何实际意义？

（2）气体温度与吸收剂温度不同时,应按哪个温度计算相平衡常数？

（3）根据实验数据,氨吸收和 CO_2 吸收分别属于气膜控制还是液膜控制？

（4）当进气浓度不变时,欲提高溶液出口浓度,可采取哪些措施？

实验 7　板式塔精馏实验

1. 实验目的

（1）了解板式塔的基本构造,观察精馏塔工作过程中的流体力学状况。

（2）测定精馏塔在全回流及部分回流条件下的全塔效率。

（3）测定精馏塔在全回流条件下的单板效率。

（4）学会识别精馏塔的几种操作状态,分析不同操作状态对塔性能的影响。

2. 实验内容

（1）研究精馏塔在全回流条件下时塔顶温度等参数随时间变化的情况。

（2）测定全回流稳定条件下,塔内温度和浓度沿塔高的分布。

（3）测定全回流、某一回流比下连续稳定操作的全塔理论塔板数、总板效率。

3. 实验原理

对于二元混合物系,已知其气液平衡数据(**附录 6**),可以根据精馏塔的原料组成、进料热状况、操作回流比及塔顶馏出液、塔底釜液组成,求出塔的理论塔板数 N_T,并按照以下公式求得总板效率 E_T:

$$E_T = \frac{N_T - 1}{N_P} \times 100\% \tag{5-35}$$

式中　N_T——理论塔板数;

　　　N_P——实际塔板数;

　　　E_T——总板效率。

单板效率 E_M 表示气相(液相)经过实际塔板的组成变化与通过理论塔板的组成变化之比。液相单板效率可以通过下式计算：

$$E_{ML} = \frac{x_{n-1} - x_n}{x_{n-1} - x_n^*} \tag{5-36}$$

式中　E_{ML}——液相单板效率；

　　　x_{n-1}——第 n-1 块塔板的液相组成；

　　　x_n——第 n 块塔板的液相组成；

　　　x_n^*——与 y_n 平衡的液相组成；

　　　在部分回流条件下,进料热状况参数通过下式计算：

$$q = \frac{c_{pm}(t_b - t_F) + r_m}{r_m} \tag{5-37}$$

式中　t_b——进料的泡点温度,℃；

　　　t_F——进料温度,℃；

　　　c_{pm}——进料液体的平均比热,kJ/(kmol·℃)；

　　　r_m——进料液体的汽化潜热,kJ/kmol。

$$c_{pm} = c_{p1}M_1x_1 + c_{p2}M_2x_2 \tag{5-38}$$
$$r_m = r_1M_1x_1 + r_2M_2x_2 \tag{5-39}$$

式中　c_{p1}, c_{p2}——纯组分 1 和纯组分 2 在平均温度(t_b+t_F)/2 下的比热,kJ/(kmol·℃)；

　　　r_1, r_2——纯组分 1 和纯组分 2 在泡点温度下的汽化潜热,kJ/kmol；

　　　M_1, M_2——纯组分 1 和纯组分 2 的摩尔质量,kg/kmol；

　　　x_1, x_2——纯组分 1 和纯组分 2 在进料中的摩尔分率。

浓度分析用阿贝折光仪。

4. 实验装置

板式精馏塔实验装置如图 5-15 所示。其中,精馏塔为筛板塔,全塔共有 10 块塔板,且由不锈钢板制成,塔高 1.5 m,塔身用内径为 50 mm 的不锈钢管制成,每段为 10 cm,焊上法兰后,用螺栓连在一起,并垫上聚四氟乙烯垫防漏,塔身的第二段和第九段用耐热玻璃制成,以便于观察塔内的操作状况。除了这两段玻璃塔段外,其余的塔段都用玻璃棉保温。降液管是由外径为 8 mm 的不锈钢管制成。筛板的直径为 54 mm,筛孔的直径为 2 mm。塔中装有铂电阻温度计,用来测量塔内气相温度。 塔顶的全凝器和塔底冷却器内是直径为 8 mm,并做成螺旋状的不锈钢管,外面是不锈钢套管。塔顶的物料蒸气和塔底产品在不锈钢管外冷凝、冷却,不锈钢管内通冷却水。塔釜用电炉丝进行加热,塔的外部也用保温棉保温。

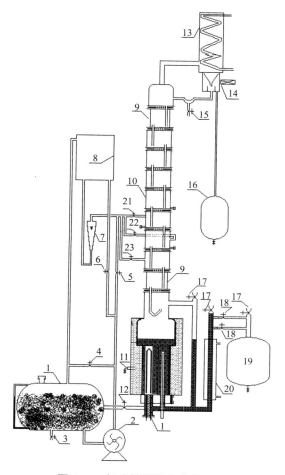

图 5-15　板式精馏塔实验装置图

1—储料罐;2—进料泵;3—放料阀;4—料液循环阀;5—直接进料阀;6—间接进料阀;7—流量计;
8—高位槽;9—玻璃观察段;10—塔身;11—塔釜取样阀;12—釜液放空阀;13—塔顶冷凝器;
14—回流比控制器;15—塔顶取样阀;16—塔顶液回收罐;17—放空阀;18—塔釜出料阀;19—塔釜储料罐;
20—塔釜冷凝器;21—第六块板进料阀;22—第七块板进料阀;23—第八块板进料阀.

5. 实验步骤

1）实验前准备工作

（1）将与阿贝折光仪配套的超级恒温水浴调整运行到所需的温度,并记下这个温度（例如 30 ℃）;检查取样用的注射器和擦镜头纸是否准备好。

（2）检查实验装置上的各个旋塞、阀门是否均处于关闭状态。

（3）配制一定浓度（质量浓度 20% 左右）的乙醇 - 正丙醇混合液（总容量 15 L 左右）,然后倒入储料罐。

（4）打开直接进料阀和进料泵,向精馏釜内加料到指定的高度（冷液面在塔釜总高 2/3

处），而后关闭直接进料阀和进料泵。

2）实验操作

Ⅰ.全回流操作

（1）打开塔顶冷凝器的冷却水，冷却水量要足够大。

（2）记下室温值，接上电源闸（220 V），按下装置上总电源开关。

（3）调解加热电压表为 130 V 左右，待塔板上建立液层时，可适当加大电压，使塔内维持正常操作。

（4）等各块塔板上鼓泡均匀后，保持加热釜电压不变，在全回流情况下稳定 20 mim 左右，期间仔细观察全塔传质情况，待操作稳定后分别在塔顶、塔釜取样口用注射器同时取样，用阿贝折射仪分析样品浓度。

Ⅱ.部分回流操作

（1）打开塔釜冷却水，冷却水流量以保证釜馏液温度接近常温为准。

（2）打开间接进料阀和进料泵，调节进料转子流量计阀，以 2.0~3.0 L/h 的流量向塔内加料；用回流比控制调节器调节回流比 R=4；馏出液收集在塔顶容量管中。

（3）塔釜产品经冷却后由溢流管流出，并收集在容器内。

（4）等操作稳定后，观察板上传质状况，记下加热电压、塔顶温度等有关数据，整个操作过程中维持进料流量计读数不变，用注射器取塔顶、塔釜和进料三处样品，用折光仪分析，并记录进原料液的温度（室温）。

3）实验结束

（1）检查数据合理后，停止加料，并关闭加热开关和回流比调节器开关。

（2）根据物系的 t-x-y 关系，确定部分回流下进料的泡点温度。

（3）停止加热后 10 min，关闭冷却水，一切复原。

6. 注意事项

（1）本实验过程中要特别注意安全，实验所用物系是易燃物品，操作过程中避免洒落，以免发生危险。

（2）本实验设备加热功率由仪表自动来调节，故在加热时应注意千万别过快，以免发生暴沸（过冷沸腾），使釜液从塔顶冲出。若遇此现象应立即断电，重新加料到指定冷液面，再缓慢升电压，重新操作。升温和正常操作中，釜的电功率不能过大。

（3）开车时，先开冷却水，再向塔釜供热；停车时，则反之。

（4）测浓度用折光仪。读取折光指数，一定要同时记其测量温度，并按给定的折光指数－质量百分浓度－测量温度关系测定有关数据。

（5）为便于对全回流和部分回流的实验结果（塔顶产品和质量）进行比较,应尽量使两组实验的加热电压及所用料液浓度相同或相近。连续进行实验时,在做实验前应将前一次实验时留存在塔釜、塔顶和塔底产品接收器内的料液均倒回原料液瓶中。

7. 实验报告

（1）做出全回流条件下塔顶温度随时间变化的曲线和全回流稳定操作条件下塔内浓度沿塔高分布曲线。

（2）利用图解法计算出全回流条件下和某一回流比条件下的理论板数、总板效率。

（3）计算全回流条件下的单板效率。

8. 思考题

（1）全回流条件下,塔内温度沿塔高如何分布,为什么造成这样的分布?

（2）在工程上何时采用全回流操作?

（3）在计算总板效率 E_T 时,为什么理论塔板数 N_T 要减去 1?

实验 8　洞道干燥实验

1. 实验目的

（1）掌握恒定干燥条件下物料的干燥曲线和干燥速率曲线的测定方法。

（2）学习物料含水量的测定。

（3）学习恒速干燥阶段物料与空气之间的对流传热系数的测定方法。

2. 实验内容

（1）测定干燥物料在不同空气流量或不同温度下的干燥曲线、干燥速率曲线和临界含水量。

（2）测定恒速干燥阶段物料与空气之间的对流传热系数

3. 实验原理

对于一定的湿物料而言,在恒定干燥条件下,其干燥过程可以划分为恒速干燥阶段和降速干燥阶段。两个阶段之间的转变点对应的物料含水量称为临界含水量。影响临界含水量和恒速段干燥速率的因素主要包括:固体物料的种类和性质,固体物料层的厚度和颗粒大小,空气的温度、湿度和流速以及空气与物料的相对运动方式。

物料的干燥速率由下式确定:

$$U = \frac{\mathrm{d}W}{S\mathrm{d}\tau} \approx \frac{\Delta W}{S\Delta \tau} \tag{5-40}$$

式中　U——干燥速率,kg/(m²·h);

S——干燥面积,m^2;

$\Delta\tau$——时间间隔,h;

ΔW——$\Delta\tau$ 时间间隔内干燥汽化的水分量,kg。

物料的干基含水量可以表示为

$$X = \frac{G - G_c}{G_c} \tag{5-41}$$

式中　X——物料的干基含水量,kg/kg(绝干物料);

　　　G——固体湿物料量,kg;

　　　G_c——绝干物料量,kg;

物料在恒速干燥阶段,物料表面与空气之间的对流传热系数可以表示为

$$U_c = \frac{dW}{Sd\tau} = \frac{dQ}{r_{t_w}Sd\tau} = \frac{\alpha(t - t_w)}{r_{t_w}} \tag{5-42}$$

$$\alpha = \frac{U_c r_{t_w}}{t - t_w} \tag{5-43}$$

式中　α——恒速干燥阶段物料表面与空气之间的对流传热系数,$W/(m^2 \cdot ℃)$;

　　　U_c——恒速干燥阶段的干燥速率,$kg/(m^2 \cdot h)$;

　　　t_w——干燥器内空气的湿球温度,℃;

　　　t——干燥器内空气的干球温度,℃;

　　　r_{t_w}——t_w 下水的汽化热,J/kg。

4. 实验装置

洞道干燥实验装置如图 5-16 所示。

5. 实验步骤

1) 实验前准备工作

(1)将被干燥物料试样进行充分的浸泡。

(2)向湿球温度计的附加蓄水池内补充适量的水,使池内水面上升至适当位置。

(3)将被干燥物料的空支架安装在洞道内。

(4)调节新鲜空气进气阀到全开的位置。

2) 实验操作

(1)按下电源开关的绿色按键,再按风机开关按钮,开动风机。

(2)调节三个蝶阀到适当的位置,将空气流量调至指定读数。

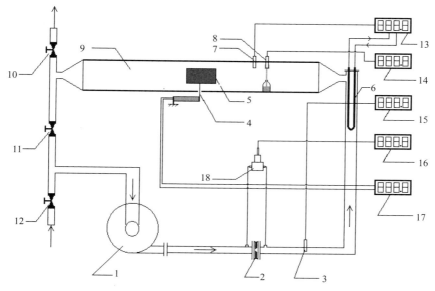

图 5-16　洞道干燥实验装置图

1—中压风机；2—孔板流量计；3—空气进口温度计；4—重量传感器；5—被干燥物料；6—加热器；7—干球温度计；
8—湿球温度计；9—洞道干燥器；10—废气排出阀；11—废气循环阀；12—新鲜空气进气阀；13—干球温度显示控制仪表；
14—湿球温度显示仪表；15—进口温度显示仪表；16—流量压差显示仪表；17—重量显示仪表；18—压力传感器

（3）在温度显示控制仪表上，利用 <，>，⌃ 键调节实验所需温度值，由 sv 窗口显示，此时 pv 窗口所显示的即为干燥器的干球温度值，按下加热开关，让电热器通电。

（4）干燥器的流量和干球温度恒定达 5 min 之后，即可开始实验。此时，读取数字显示仪的读数作为试样支撑架的重量（G_D）。

（5）将被干燥物料试样从水盆内取出，控去浮挂在其表面上的水分（使用呢子物料时，最好用力挤去所含的水分，以免干燥时间过长。将支架从干燥器内取出，再将支架插入试样内直至尽头）。

（6）将支架连同试样放入洞道内，并安插在其支撑杆上。注意：不能用力过大，以免使传感器受损。

（7）立即按下秒表开始计时，并记录显示仪表的显示值；然后每隔一段时间记录数据一次（记录总重量和时间），直至减少同样重量所用时间是恒速阶段所用时间的 8 倍时，即可结束实验。注意：最后若发现时间已过去很长，但减少的重量还达不到所要求的克数，则可立即记录数据。

6. 注意事项

（1）在安装试样时，一定要小心保护传感器，以免用力过大而使传感器造成机械性损伤。

（2）在设定温度给定值时,不要改动其他仪表参数,以免影响控温效果。

（3）为了设备的安全,开车时一定要先开风机后再开空气预热器的电热器;停车时则反之。

（4）突然断电后,再次开启实验时,检查风机、加热器开关是否断开,确定其不处于导通状态。

7. 实验报告

（1）由实验数据绘制干燥曲线、干燥速率曲线,并确定恒定干燥速率、临界含水量、平衡含水量。

（2）计算恒速干燥阶段物料与空气之间的对流传热系数。

（3）分析空气流量、温度对干燥速率、临界含水量的影响。

8. 思考题

（1）如果 t、t_w 不变,只增加风速,干燥速率如何变化?

（2）如果其他条件不变,湿物料的最初含水量对干燥速率曲线有影响吗?

（3）湿物料平衡水分 X^* 的大小受哪些因素的影响?

实验 9　萃取实验

1. 实验目的

（1）了解萃取塔的基本结构和萃取操作的基本流程。

（2）学习萃取塔传质单元数 N_{OE}、传质单元高度 H_{OE} 及总体积传质系数 $K_{YE}\alpha$ 的测定原理和方法。

（3）加深理解液 – 液萃取的原理。

2. 实验内容

（1）通过实际操作和练习,观察不同搅拌速度时,液滴的变化情况和流动状态。

（2）在两相流量确定的情况下,调整桨叶转速,测定设备的传质单元数 N_{OE}、传质单元高度 H_{OE} 及总体积传质系数 $K_{YE}\alpha$。

3. 实验原理

萃取操作是一种分离液态混合物的方法,操作时在欲分离的液体混合物中加入一种与其基本不相混溶的液体作为溶剂,利用原料液中的各组分在溶剂中溶解度的差异来分离液体混合物。选用的溶剂称为萃取剂,以字母 S 表示,原料液中易溶于 S 的组分称为溶质,以字母 A 表示,原料液中难溶于 S 的组分称为原溶剂或稀释剂,以字母 B 表示。

　　萃取操作一般是将一定量的萃取剂和原料液同时加入萃取器中,在外力作用下充分混合,溶质通过相界面由原料液向萃取剂中扩散。两液相由于密度差而分层,一层以萃取剂 S 为主,溶有较多溶质,称为萃取相,用字母 E 表示;另一层以原溶剂 B 为主,且含有未被萃取完的溶质,称为萃余相,用字母 R 表示。萃取操作并未把原料液全部分离,而是将原来的液体混合物分为具有不同溶质组成的萃取相 E 和萃余相 R。通常萃取过程中一个液相为连续相,另一个液相以液滴的形式分散在连续的液相中,称为分散相。液滴表面积即为两相接触的传质面积。为了使其中一相作为分散相,必须将其中一相分散为液滴的形式。分散的液滴尺寸不仅关系到相接触面积,还关系到传质系数和塔的流通量,例如液滴较小相接触面积大,传质系数下降,因此液滴的尺寸应适当。

　　本实验操作中,以水为萃取剂,从煤油中萃取苯甲酸。所以,水相为萃取相(又称为连续相、重相),用字母 E 表示;煤油相为萃余相(又称为分散相、轻相),用字母 R 表示。煤油由塔底进入塔内作为分散相向上流动,经塔顶分离段分离后由塔顶流出。水由塔顶进入塔内作为连续相向下流动至塔底流出。水与煤油两相在塔内呈逆向流动。萃取过程中,苯甲酸部分地从煤油相转移至水相。萃取相及萃余相进出口浓度由滴定分析法测定。由于水与煤油完全不互溶,且苯甲酸在两相中的浓度都很低,可以认为在萃取的过程中两相液体的体积流量为常数。

　　利用萃取相浓度计算传质单元数的方程为

$$N_{OE} = \int_{Y_{Et}}^{Y_{Eb}} \frac{dY_E}{Y_E^* - Y_E} \tag{5-44}$$

式中　Y_{Et}——苯甲酸在进入塔顶的萃取相中的质量比组成,kg(苯甲酸)/kg(水),本实验该值取 0;

　　　Y_{Eb}——离开塔底萃取相中的苯甲酸质量比组成,kg(苯甲酸)/kg(水);

　　　Y_E^*——塔内某一高度处萃取相中的苯甲酸质量比组成,kg(苯甲酸)/kg(水);

　　　Y_E——与塔内某一高度处萃余相组成 X_R 成平衡的萃取相中的苯甲酸质量比组成,kg(苯甲酸)/kg(水)。

　　水、煤油及苯甲酸的相平衡关系可通过相平衡曲线与操作线求得积分变量与积分函数之间的关系,再进行图解积分即可得传质单元数。操作线过点 (X_{Rb}, Y_{Eb}) 和 (X_{Rt}, Y_{Et})。

　　塔底煤油中苯甲酸的浓度 X_{Rb},塔顶煤油中苯甲酸的浓度 X_{Rt} 以及 Y_{Eb} 由 NaOH 标准溶液滴定后求得,计算方法如下:

$$X_{Rb}(或 X_{Rt}) = \frac{V_{NaOH} \cdot C_{NaOH} \cdot M_{苯甲酸}}{V_{煤油} \cdot \rho_{煤油}} \tag{5-45}$$

$$Y_{Eb} = \frac{V_{NaOH} \cdot C_{NaOH} \cdot M_{苯甲酸}}{V_{水} \cdot \rho_{水}}$$ （5-46）

式中　V_{NaOH}——用于滴定的 NaOH 溶液体积,mL;

　　　　C_{NaOH}——用于滴定的 NaOH 溶液的物质的量浓度,mol/L;

　　　　$M_{苯甲酸}$——苯甲酸的相对分子质量,g/mol;

　　　　$V_{煤油}$——用于分析的煤油样品的体积,mL;

　　　　$V_{水}$——用于分析的水样品的体积,mL;

　　　　$\rho_{煤油}$——煤油的密度,g/mL;

　　　　$\rho_{水}$——水的密度,g/mL。

　　萃取操作线确定之后,在 $Y_E = Y_{Et}$ 和 $Y_E = Y_{Eb}$ 之间,任取一系列 Y_E 值,然后从操作线上找出对应的 X_R 值,再由平衡曲线找出对应的 Y_E^* 值,并计算出对应的 $1/(Y_E^* - Y_E)$ 的值。在直角坐标系中,以 Y_E 为横坐标, $1/(Y_E^* - Y_E)$ 为纵坐标作曲线。在 $Y_{Et}=0$ 至 Y_{Eb} 之间的曲线以下的面积就是按萃取相计算的传质单元数。

　　按萃取相计算的传质单元高度 H_{OE} 按下式计算:

$$H_{OE} = \frac{H}{N_{OE}}$$ （5-47）

式中　H——填料层高度,m。

　　按萃取相计算的总体积传质系数 $K_{YE}\alpha$ 按下式计算:

$$K_{YE}\alpha = \frac{S}{H_{OE} \cdot A}$$ （5-48）

式中　$K_{YE}\alpha$——体积总传质系数,kg(苯甲酸)/[m³·h·(kg(苯甲酸)/kg(水))];

　　　　S——萃取相的体积流量,L/h;

　　　　A——萃取塔截面积,m²。

4. 实验装置

萃取实验装置如图 5-17 所示。

5. 实验步骤

（1）在水箱内放满水,在最左边的贮槽内放满配制好的轻相入口煤油,分别开动水相和煤油相送液泵的开关(run),再打开两相回流阀,使其循环流动。

（2）全开水转子流量计调节阀,将重相(连续相)送入塔内。当塔内水面逐渐上升到重相入口与轻相出口之间的中点时,将水流量调至指定值(约 4 L/h),并缓慢改变 π 形管高度,使塔内液位稳定在重相入口与轻相出口之间中点左右的位置上。

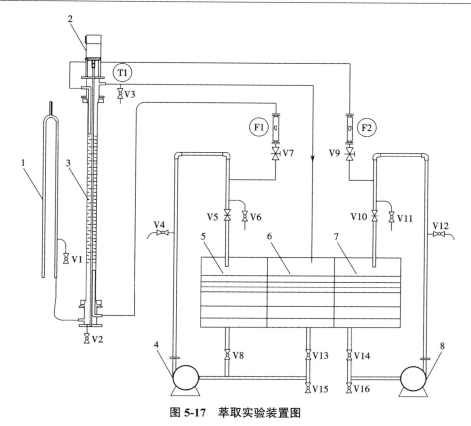

图 5-17　萃取实验装置图

1—π 形管;2—电机;3—萃取塔;4—煤油泵;5—煤油箱;6—煤油回收箱;7—水箱;

8—水泵;F1—煤油流量计;F2—水流量计;V1~V16—阀门

（3）将调速装置的旋钮调至零位接通电源,开动电机固定转速,调速时要缓慢升速。

（4）将轻相（分散相）流量调至指定值（约 6 L/h）,并注意及时调节 π 形管高度。在实验过程中,始终保持塔顶分离段两相的相界面位于重相入口与轻相出口之间中点左右。

（5）操作过程中,要绝对避免塔顶的两相界面过高或过低。若两相界面过高,到达轻相出口的高度,则会导致重相混入轻相贮罐。

（6）维持操作稳定 30 min 后,用锥形瓶收集轻相进、出口样品各约 50 mL,重相出口样品约 100 mL,准备分析浓度使用。

（7）取样后,改变浆叶转速,其他条件维持不变,进行第二个实验点的测试。

（8）用容量分析法分析样品浓度。具体方法如下:用移液管分别取煤油相 10 mL、水相 25 mL 样品,以酚酞作指示剂,用 0.01 mol/L 左右 NaOH 标准液滴定样品中的苯甲酸。在滴定煤油相时应在样品中加 10 mL 纯净水,滴定中激烈摇动至终点。

（9）实验完毕后,关闭两相流量计。将调速器调至零位,使搅拌轴停止转动,再切断电源。滴定分析过的煤油应集中存放回收。洗净分析仪器,一切复原,注意保持实验台面整洁。

6. 注意事项

（1）转速太高容易引起液泛,本实验建议在 500 r/min 以下操作。整个实验过程中,塔顶两相界面一定要控制在轻相出口和重相入口之间适中位置并保持不变。

（2）改变操作条件后,稳定时间要足够长,建议稳定 30 min 以上,否则容易产生较大误差。

（3）煤油的实际体积流量并不等于流量计指示的读数。需要用到煤油的实际流量数值时,必须用流量修正公式对流量计的读数进行修正后,数据才准确。

（4）煤油流量不要太小或太大,太小会导致煤油出口的苯甲酸浓度过低,从而导致分析误差加大;太大会使煤油消耗量增加,经济上造成浪费。建议水流量控制在 4 L/h 为宜。

7. 实验报告

（1）用数据表列出实验全部数据,并选取一组数据写出具体计算过程。

（2）做出操作曲线、平衡曲线,利用图解积分法或数值积分法求出传质单元数。

（3）求出传质单元高度和总体积传质系数。

8. 思考题

（1）对于分离液体混合物,可以根据哪些因素选择是蒸馏或是萃取操作?

（2）如何选取萃取操作的温度? 温度对于萃取操作有何影响?

（3）能否采用对数平均浓度差法求取传质单元数?

实验 10　搅拌实验

1. 实验目的

（1）掌握搅拌功率曲线的测定方法,了解影响搅拌功率的因素及其关联方法。

（2）观察搅拌桨在不同流体中的流型特点。

2. 实验内容

（1）测定搅拌器液相搅拌功率、雷诺准数及绘制液相搅拌功率曲线。

（2）测定水和空气的气－液相搅拌功率及绘制气－液相搅拌功率曲线。

3. 实验原理

搅拌操作是重要的化工单元操作之一,它常用于互溶液体的混合、不互溶液体的分散和接触、气液接触、固体颗粒在液体中的悬浮、强化传热及化学反应等过程,搅拌聚合釜是高分子化工生产的核心设备。

　　搅拌过程中流体的混合要消耗能量,即通过搅拌器把能量输入到被搅拌的流体中。因此,搅拌釜内单位体积流体的能耗成为判断搅拌过程好坏的依据之一。由于搅拌釜内液体运动状态十分复杂,搅拌功率目前尚不能由理论得出,只能通过实验获得它与多变量之间的关系,以此作为搅拌器设计放大过程中确定搅拌功率的依据。

　　液体搅拌功率消耗可表达为下列诸变量的函数:

$$N = f(K, n, d, \rho, \mu, g, \cdots) \tag{5-49}$$

式中　N——搅拌功率,W;

　　　K——无量纲系数;

　　　n——搅拌转数,r/s;

　　　d——搅拌器直径,m;

　　　ρ——流体密度,kg/m³;

　　　μ——流体黏度,Pa·s;

　　　g——重力加速度,m/s²。

　　由因次分析法可得下列无因次数群的关联式:

$$\frac{N}{\rho n^3 d^5} = K \left(\frac{d^2 n \rho}{\mu} \right)^x \left(\frac{n^2 d}{g} \right)^y \tag{5-50}$$

　　令 $\dfrac{N}{\rho n^3 d^5} = N_\mathrm{p}$, N_p 称为功率无量纲数; $\dfrac{d^2 n \rho}{\mu} = R_\mathrm{e}$, R_e 称为搅拌雷诺数; $\dfrac{n^2 d}{g} = F_\mathrm{r}$, F_r 称为搅拌弗鲁德数,则

$$N_\mathrm{p} = K R_\mathrm{e}^x F_\mathrm{r}^y \tag{5-51}$$

　　定义 ϕ 为功率因数,且

$$\phi = K R_\mathrm{e}^x \tag{5-52}$$

　　对于不打旋的系统重力影响极小,可忽略 F_r 的影响,即 $y=0$,则

$$\phi = N_\mathrm{p} = K R_\mathrm{e}^x \tag{5-53}$$

　　因此,在对数坐标纸上可标绘出 N_p 与 R_e 的关系曲线。

　　搅拌功率计算方法:

$$N = IV - (I^2 R + K n^{1.2}) \tag{5-54}$$

式中　I——搅拌电机的电枢电流,A;

V——搅拌电机的电枢电压,V;

R——搅拌电机的内阻,33.8 Ω;

n——搅拌电机的转数,r/s;

K——0.083 3。

4. 实验装置

搅拌实验装置如图 5-18 所示。

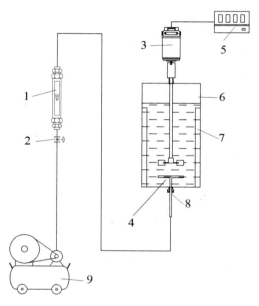

图 5-18 搅拌实验装置图

1—气体流量计;2—流量调节阀;3—搅拌电机;4—气体分布器;5—调速电机;6—搅拌槽;7—挡板;8—温度计;9—压缩机

5. 实验步骤

1)测定水溶液搅拌功率曲线(有挡板)

(1)向搅拌釜内加入纯净水至高度 400 mm,将可移动的挡板安装好。

(2)打开总电源和搅拌调速开关,慢慢转动调速旋钮,电机开始转动。将电压控制在 0~70 V 之间,取 7~10 个点测试(实验中适宜的转速选择:低转速时搅拌器的转动要均匀;高转速时以流体不出现旋涡为宜)。实验中每调一个电压,待数据显示基本稳定后方可读数,同时注意观察流型及搅拌情况。每调节改变一个电压,记录以下数据:调速器的电压(V)、电流(A)、转速(r/min)。

2)测定水溶液搅拌功率曲线(无挡板)

将搅拌釜内的挡板卸下,按照上述操作规程进行实验。

3）测定气液搅拌功率曲线

以空气压缩机为供气系统,用气体流量计调节空气流量输入到搅拌槽内,应同时记录每一转速下的液面高度,其余操作同上。

实验结束时,一定把调速降为"0",方可关闭搅拌调速器,随后关闭总电源。

6. 注意事项

（1）电机调速一定要从"0"开始,调速过程要缓慢,否则易损坏电机。

（2）不得随便移动实验装置。

（3）可以应用不同的物料进行实验,用后将搅拌釜擦拭干净。

7. 实验报告

（1）记录所有测量数据,并选取一组数据给出计算步骤。

（2）在对数坐标纸绘制 N_p-R_E 曲线,将两条曲线做在同一坐标纸上。

8. 思考题

（1）搅拌功率曲线对几何相似的搅拌装置可以通用吗?

（2）说明测定 N_p-R_e 曲线的意义。

第6章 化学工程实训

实训1 管路拆装实训

1. 实训目的

（1）掌握流程图的识读。

（2）认识管路拆装设备的管件。

（3）根据提供的流体输送流程图，准确填写安装管线所需管道、管件、阀门、仪表的规格型号及数量等的材料清单；准确列出组装管线所需的工具和易耗品等零件清单，并正确领取工具和易耗品。

（4）进行管线的组装、管道的试压、管线的拆除。

2. 工程化训练要求

1）化工管路布置的一般要求

在管路布置及安装时，主要考虑安装、检修、操作的方便及安全，同时尽可能减少基建费用，并根据生产的特点、设备的布置、材料的性质等加以综合考虑。

（1）化工管路安装时，各种管线应平行铺设，便于共用管架；要尽量走直线，少拐弯，少交叉，以节约管材，减小阻力，同时力求做到整齐美观。

（2）为便于操作及安装检修，并列管路上的零件与阀门应错开安装。

（3）管线安装应横平竖直，水平管偏差不大于 15 mm/10 m，垂直管偏差不大于 10 mm/10 m。

（4）管路安装完毕后，应按规定进行强度和严密度实验。

（5）管路离地面的高度以便于检修为准，但通过人行道时，最低点离地面不得小于 2 m。

2）常见管件及阀门、流量计的安装要求

（1）转子流量计用来测量管系中流体流量，其安装有严格的要求。它必须垂直安装在管系中，若有倾斜，会影响测量的准确性，严重时会使转子升不上来。转子流量计前后各应有相应的直管段，前段应有（15~20）d 的直管段，后段应有 5d 左右的直管段（d 为管子内径），以保证流量的稳定。

（2）截止阀结构简单,易于调节流量,但阻力较大。安装时,应使流体从阀盘的下部向上流动,目的是减小阻力,开启更省力。在关闭状态下,阀杆、填料函部不与介质接触,以免阀杆等受腐蚀。闸阀密封性能好,流体阻力小,但不适用于输送含有晶体和悬浮溶物的液体管路。

（3）活动接头是管系中常见的管件,在闭合管系时,应最后安装;在拆除管系时,应首先从活动接头开始。

3）泵的管路布置总原则

泵的管路布置总原则是保证良好的吸入条件与检修方便。

（1）为增加泵的允许吸上高度, 吸入管路应尽量短而直,以减少阻力, 吸入管路的直径不应小于泵吸入口直径。

（2）在泵的上方不布置管路,以有利于泵的检修。

3. 装置认识

通过现场认知和老师指导,熟悉装置流程、主体设备及其名称、各类测量仪表的作用及名称。

管路拆装工程化训练装置如图 6-1 所示。

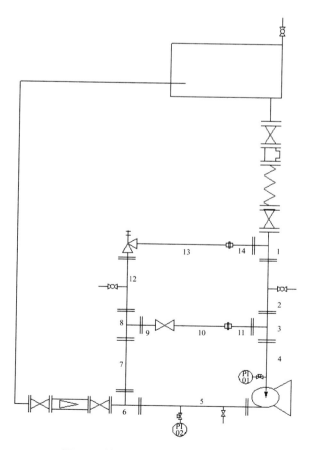

图 6-1　管路拆装工程化训练装置图

管道拆装实训设备配置见表 6-1。

表 6-1　管路拆装实训设备配置

名称	规格	连接方式和型号	材料	单位	数量
管段 1 有一分支	DN50	两端法兰,中部一分支 DN32 法兰	碳钢	只	1
管段 2 有一分支	DN50	两端法兰,中部一分支 DN15 螺纹	碳钢	只	1
管段 3 有一分支	DN50	两端法兰,中部一分支 DN15 螺纹	碳钢	只	1
管段 4	DN50	两端法兰	碳钢	只	1
管段 5 有两分支	DN40	两端法兰,中部两分支 DN15 螺纹	碳钢	只	1
管段 6 有一分支	DN40	两端法兰,中部一分支 DN32 螺纹	碳钢	只	1
管段 7	DN32	两端法兰	碳钢	只	1
管段 8 有一分支	DN32	两端法兰,中部一分支 DN32 法兰	碳钢	只	1
管段 9	DN32	一端法兰,一端螺纹	碳钢	只	1
管段 10	DN32	两端螺纹	碳钢	只	1
管段 11	DN32	一端法兰,一端螺纹	碳钢	只	1
管段 12 有一分支	DN32	两端法兰,中部一分支 DN15 螺纹	碳钢	只	1
管段 13	DN32	两端螺纹	碳钢	只	1
管段 14	DN32	一端法兰,一端螺纹	碳钢	只	1
蛇形压力表接管	DN10	两端有四氟垫片	碳钢	只	1
金属软管	DN50	两端法兰	碳钢	只	3
管道过滤器	DN50		碳钢	只	1
螺栓	M16	包括螺栓、螺母和垫圈	碳钢	付	52
8 字盲板		DN40	碳钢	只	2
8 字盲板		DN32	碳钢	只	2
压力表	0~0.25 MPa		碳钢	只	2
真空表	0~0.1 MPa		碳钢	只	1
离心泵			碳钢	台	1
截止阀	二寸	法兰	碳钢	只	2
过滤器	二寸	法兰	碳钢	只	1
截止阀	二寸	螺纹	碳钢	只	1
活接头	DN32		碳钢	只	2

续表

名称	规格	连接方式和型号	材料	单位	数量
活动扳手	12″			把	1
活动扳手	10″			把	1
呆扳手	19″~22″			把	1
呆扳手	22″~24″			把	1
管子钳	450 mm			把	1
管子钳	300 mm			把	1
螺丝一字批	中号			把	1
梅花扳手	19″~22″			把	1
梅花扳手	22″~24″			把	1
钢卷尺	3 m			把	1
手动试压泵				套	1
生料带				卷	10
垫片	DN32		橡胶	片	10
垫片	DN20		橡胶	片	10
垫片	DN15		橡胶	片	10
活接头垫片	DN32		橡胶	片	5
工具车	碳钢,500 mm×1 000 mm×600 mm			辆	1

设备尺寸:长 2.8 m,宽 0.6 m,高 1.5 m

实训 2 乙醇–水体系精馏实训

1. 实训目的

（1）认识精馏设备结构。

（2）认识精馏装置流程及仪表。

（3）掌握精馏装置的运行操作技能。

2. 生产工艺过程

混合物的分离是化工生产中的重要过程。混合物可分为非均相物系和均相物系。非均相物系的分离主要依靠质点运动与流体流动原理实现分离。而化工生产中遇到的大多是均相混合物,例如石油是由许多碳氢化合物组成的液相混合物,空气是由氧气、氮气等组成的气相混合物。

均相物系的分离条件是必须造成一个两相物系,然后依据物系中不同组分间某种物性的差异,使其中某个组分或某些组分从一相向另一相转移,以达到分离的目的。精馏是分离液体混合物的典型单元操作,它是通过加热造成气、液两相物系,利用物系中各组分挥发度不同的特性以实现分离的目的。

根据精馏原理可知,单有精馏塔不能完成精馏操作,必须同时有塔底再沸器和塔顶冷凝器,有时还要配原料液预热器、回流液泵等附属设备,才能实现整个操作。再沸器的作用是提供一定量的上升蒸气流,冷凝器的作用是提供塔顶液相产品及保证有适宜的液相回流,因而使精馏能连续稳定的进行。

精馏分离具有如下特点:

(1)通过精馏分离可以直接获得所需要的产品;

(2)精馏分离的适用范围广,它不仅可以分离液体混合物,而且可用于气态或固态混合物的分离;

(3)精馏过程适用于各种组成混合物的分离;

(4)精馏操作是通过对混合液加热建立气液两相体系进行的,所得到的气相还需要再冷凝化,因此精馏操作耗能较大。

塔设备是最常采用的精馏装置,填料塔与板式塔在化工生产过程中应用广泛,下面以板式塔为例介绍精馏设备。

1)精馏基本原理

精馏分离是根据溶液中各组分挥发度(或沸点)的差异,使各组分得以分离。其中,较易挥发的称为易挥发组分(或轻组分),较难挥发的称为难挥发组分(或重组分)。它通过气、液两相的直接接触,使易挥发组分由液相向气相传递,难挥发组分由气相向液相传递,是气、液两相之间的传递过程。

现取第 n 板为例分析精馏过程和原理,如图 6-2 所示。

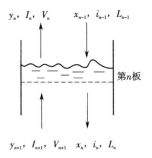

图 6-2　第 n 板的质量和热量衡算图

塔板的形式有多种,最简单的一种是板上有许多小孔(称筛板塔),每层板上都装有降液管,来自下一层(n+1 层)的蒸气通过板上的小孔上升,而来自上一层(n-1 层)的液体通过

降液管流到第 n 板上,在第 n 板上气液两相密切接触,进行热量和质量的交换。进、出第 n 板的物流有如下四种:

（1）由第 $n-1$ 板溢流下来的液体量为 L_{n-1},其组成为 x_{n-1},温度为 t_{n-1};

（2）由第 n 板上升的蒸气量为 V_n,其组成为 y_n,温度为 t_n;

（3）从第 n 板溢流下来的液体量为 L_n,其组成为 x_n,温度为 t_n;

（4）由第 $n+1$ 板上升的蒸气量为 V_{n+1},其组成为 y_{n+1},温度为 t_{n+1}。

因此,当组成为 x_{n-1} 的液体及组成为 y_{n+1} 的蒸气同时进入第 n 板时,由于存在温度差和浓度差,气液两相在第 n 板上密切接触进行传质和传热的结果会使离开第 n 板的汽液两相平衡(如果为理论板,则离开第 n 板的气液两相成平衡),若气液两相在板上的接触时间长,接触比较充分,那么离开该板的汽液两相相互平衡,通常称这种板为理论板(y_n, x_n 成平衡)。精馏塔中每层板上都进行着与上述相似的过程,其结果是上升蒸气中易挥发组分浓度逐渐增高,而下降的液体中难挥发组分越来越浓,只要塔内有足够多的塔板数,就可使混合物达到所要求的分离纯度(共沸情况除外)。

加料板把精馏塔分为两段,加料板以上的塔,即塔上半部完成上升蒸气的精制,除去其中的难挥发组分,因而称为精馏段;加料板以下(包括加料板)的塔,即塔下半部完成了下降液体中难挥发组分的提浓,除去易挥发组分,因而称为提馏段。一个完整的精馏塔应包括精馏段和提馏段。

精馏段操作方程为

$$y_{n+1} = \frac{R}{R+1} x_n + \frac{x_D}{R+1} \qquad (6\text{-}1)$$

提馏段操作方程为

$$y_{n+1} = \frac{RD + qF}{(R+1)D - (1-q)F} x_n - \frac{F-D}{(R+1)D - (1-q)F} x_w \qquad (6\text{-}2)$$

式中　R——操作回流比;

　　F——进料摩尔流率;

　　q——进料热状况参数。

部分回流时,进料热状态参数的计算式为

$$q = \frac{C_{pm}(t_{BP} - t_F) + r_m}{r_m} \qquad (6\text{-}3)$$

式中　t_F——进料温度,℃;

　　t_{BP}——进料的泡点温度,℃;

C_{pm}——进料液体在平均温度$(t_F + t_{BP})/2$下的比热，J/(mol·℃)；

r_m——进料液体在其组成和泡点温度下的汽化热。

$$C_{pm} = C_{p1}x_1 + C_{p2}x_2 \qquad (6\text{-}4)$$

$$r_m = r_1 x_1 + r_2 x_2 \qquad (6\text{-}5)$$

式中　C_{p1}, C_{p2}——纯组分 1 和组分 2 在平均温度下的比热容，kJ/(kg·℃)；

r_1, r_2——纯组分 1 和组分 2 在泡点温度下的汽化热，kJ/kg；

x_1, x_2——纯组分 1 和组分 2 在进料中的摩尔分率。

精馏操作涉及气、液两相间的传热和传质过程。塔板上两相间的传热速率和传质速率不仅取决于物系的性质和操作条件，而且还与塔板结构有关，因此它们很难用简单方程加以描述。引入理论板的概念，可使问题简化。

所谓理论板，是指在其上气、液两相都充分混合，且传热和传质过程阻力为零的理想化塔板。因此，不论进入理论板的气、液两相组成如何，离开该板时气、液两相达到平衡状态，即两相温度相等，组成互相平衡。

实际上，由于板上气、液两相接触面积和接触时间是有限的，因此在任何形式的塔板上，气、液两相难以达到平衡状态，即理论板是不存在的。理论板仅用作衡量实际板分离效率的依据和标准。通常，在精馏计算中，先求得理论板数，然后利用塔板效率予以修正，即求得实际板数。引入理论板的概念，对精馏过程的分析和计算是十分有用的。

对于二元物系，如已知其气液平衡数据，则根据精馏塔的原料液组成、进料热状况、操作回流比及塔顶馏出液组成、塔底釜液组成，可由图解法或逐板计算法求出该塔的理论板数N_T。按照下式可以得到总板效率E_T：

$$E_T = \frac{N_T - 1}{N_p} \times 100\%$$

式中　N_P——实际塔板数。 　　　　　　　　　　　　　　　　　　　　　　　　(6-6)

2）主要物料的平衡及流向

典型的连续精馏流程如图 6-3 所示，原料液经预热器加热到指定温度后，送入精馏塔的进料板，在进料板上与自塔上部下降的回流液体汇合后逐板溢流，最后流入塔底再沸器中。在每层板上，回流液体与上升蒸气互相接触，进行热和质的传递过程。操作时，连续地从再沸器取出部分液体作为塔底产品（釜残液），部分液体汽化，产生上升蒸气，依次通过各层塔板。塔顶蒸气进入冷凝器中被全部冷凝，并将部分冷凝液用泵送回塔顶作为回流液体，其余部分经冷却器后被送出作为塔顶产品（馏出液）。

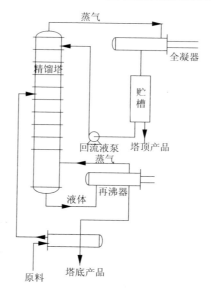

图 6-3　连续精馏流程图

3）带有控制点的工艺及设备流程图

精馏工程化训练装置如图 6-4 所示。

3. 生产控制技术

在化工生产中,对各工艺变量有一定的控制要求。有些工艺变量对产品的数量和质量起着决定性的作用。例如,精馏塔的塔顶温度必须保持一定,才能得到合格的产品。有些工艺变量虽不直接影响产品的数量和质量,然而保持其平稳却是使生产获得良好控制的前提。例如,用蒸气加热的再沸器,在蒸气压力波动剧烈的情况下,要把塔釜温度控制好极为困难。

为了实现控制要求,可以有两种方式:一是人工控制;二是自动控制。自动控制是在人工控制的基础上发展起来的,使用自动化仪表等控制装置来代替人的观察、判断、决策和操作。

先进控制策略在化工生产过程的推广应用,能够有效提高生产过程的平稳性和产品质量的合格率,对于降低生产成本、节能减排降耗、提升企业的经济效益具有重要意义。

1）各项工艺操作指标

塔釜压力:0~2.0 kPa。

温度控制:进料温度≤ 65 ℃;

　　　　　塔顶温度 78.2~80.0 ℃;

　　　　　塔釜温度 90.0~92.0 ℃。

加热电压:140~200 V。

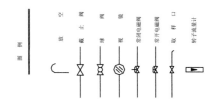

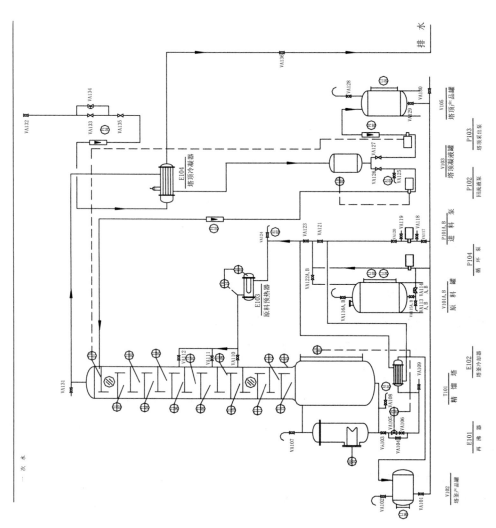

图 6-4　精馏工程化训练装置图

流量控制:进料流量 3.0~8.0 L/h;

　　　　　冷却水流量 300~400 L/h。

液位控制:塔釜液位 220~350 mm;

　　　　　塔顶凝液罐液位 100~200 mm。

2）主要控制点的控制方法、仪表控制、装置和设备的报警连锁

（1）进料温度控制，如图 6-5 所示。

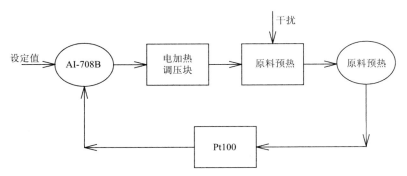

图 6-5　进料温度控制方块图

（2）塔釜加热电压控制，如图 6-6 所示。

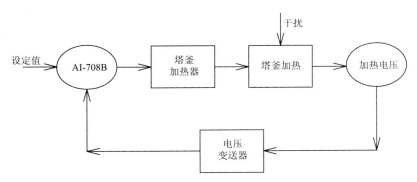

图 6-6　塔金加热电压控制方块图

（3）塔顶温度控制，如图 6-7 所示。

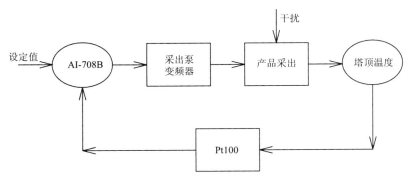

图 6-7　塔顶温度控制方块图

（4）塔顶凝液罐液位控制，如图 6-8 所示。

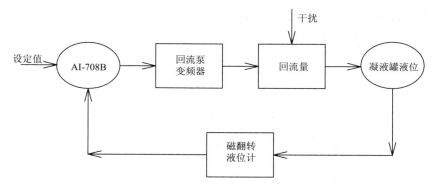

图 6-8　塔顶凝液罐液位控制方块图

（5）报警连锁。原料预热和进料泵 P101 之间设置有连锁功能,进料预热只有在进料泵开启的情况下才能开启。

塔釜液位设置有上、下限报警功能:当塔釜液位超出上限报警值(350 mm)时,仪表对塔釜常闭电磁阀 VA105 输出报警信号,电磁阀开启,塔釜排液;当塔釜液位降至上限报警值时,仪表停止输出信号,电磁阀关闭,塔釜停止排液。当塔釜液位低于下限报警值时,仪表对再沸器加热器输出报警信号,加热器停止工作,以避免干烧;当塔釜液位升至下限报警值时,报警解除,再沸器加热器才能开始工作。

4. 物耗能耗指标

原辅材料:原料液(乙醇－水溶液)、冷却水。

能源动力:电能。

具体物耗能耗见表 6-2。

表 6-2　物耗、能耗一览表

名称	耗量	名称	耗量	名称	额定功率
原料液	3~8 L/h	冷却水	300~400 L/h	进料泵	370 W
				循环泵	120 W
				回流泵	370 W
				采出泵	370 W
				塔釜加热器	2.5 kW
				原料预热器	1.2 kW
				干扰加热	800 W
总计	3~8 L/h		300~400 L/h		5.73 kW

注:电能实际消耗与产量相关。

5. 安全生产技术

1）生产事故及处理预案

Ⅰ. 塔顶温度异常

塔顶温度异常的原因主要有：进料浓度的变化、进料量的变化、回流量与温度的变化、再沸器加热量的变化。

装置达到稳定状态后，出现塔顶温度上升异常现象的处理措施如下。

（1）检查回流量是否正常：先检查回流泵工作状态，若回流泵故障，及时报告指导教师进行处理；若回流泵正常，而回流量变小，则检查塔顶冷凝器是否正常。对于以水为冷流体的塔顶冷凝器，如工作不正常，一般是冷却水供水管线上的阀门故障，此时可以打开与电磁阀并联的备用阀门；若发现一次水管网供水中断，及时报告指导教师进行处理。

（2）检测进料浓度，如发现进料发生了变化，及时报告指导教师，并根据浓度的变化调整进料板的位置和再沸器的加热量。

（3）以上检查结果正常时，可适当增加进料量或减小再沸器的加热量。

装置达到稳定状态后，塔顶温度下降异常现象的处理措施如下。

（1）检查回流量是否正常：若回流量变大，则适当减小回流量（若同时加大采出量，则能达到新的稳态）。

（2）检测进料浓度，如发现进料发生了变化，及时报告指导教师，并根据浓度的变化调整进料板的位置和再沸器的加热量。

（3）以上检查结果正常时，可适当减小进料量或增加再沸器的加热量。

Ⅱ. 液泛或漏液现象

当塔底再沸器加热量过大、进料轻组分过多、进料温度过高均可能导致液泛。当塔底再沸器加热量过小、进料轻组分过少、进料温度过低、回流量过大均可能导致漏液。

液泛处理措施：

（1）减小再沸器的加热功率（减小加热电压）；

（2）检测进料浓度，调整进料位置和再沸器的加热量；

（3）检查进料温度，做出适当处理。

漏液处理措施：

（1）增加再沸器的加热功率（增加加热电压）；

（2）检测进料浓度，调整进料位置和再沸器的加热量；

（3）检查进料温度，做出适当处理。

2）工业卫生和劳动保护

按规定穿戴劳保用品：进入化工单元工程化训练基地必须穿戴劳保用品，在指定区域正确戴上安全帽、穿上安全鞋，在进入任何作业过程中佩戴安全防护眼镜，在任何作业过程中佩戴合适的防护手套。无关人员未得允许不得进入工程化训练基地。

Ⅰ.动设备操作安全注意事项

（1）检查柱塞计量泵润滑油油位是否正常。

（2）检查冷却水系统是否正常。

（3）确认工艺管线、工艺条件正常。

（4）启动电机前先盘车，正常才能通电。通电时立即查看电机是否启动；若启动异常，应立即断电，避免电机烧毁。

（5）启动电机后查看其工艺参数是否正常。

（6）观察有无过大噪声、振动及松动的螺栓。

（7）观察有无泄漏。

（8）电机运转时不允许接触转动件。

Ⅱ.静设备操作安全注意事项

（1）操作及取样过程中注意防止静电产生。

（2）装置内的塔、罐、储槽在需清理或检修时应按安全作业规定进行。

（3）容器应严格按规定的装料系数装料。

Ⅲ.安全技术

进行工程化训练之前必须了解室内总电源开关与分电源开关的位置，以便出现用电事故时及时切断电源；在启动仪表柜电源前，必须清楚每个开关的作用。

设备配有温度、液位等测量仪表，对相关设备的工作进行集中监视，出现异常时应及时处理。

由于本工程化训练装置产生蒸气，蒸气通过的地方温度较高，应规范操作，避免烫伤。

不能使用有缺陷的梯子，登梯前必须确保梯子支撑稳固，面向梯子上下并双手扶梯，一人登梯时要有同伴护稳梯子。

Ⅳ.防火措施

乙醇属于易燃易爆品，操作过程中要严禁烟火。

当塔顶温度升高时，应及时处理，避免塔顶冷凝器放风口处出现雾滴（为酒精溶液）。

Ⅴ.职业卫生

（1）噪声对人体的危害：噪声对人体的危害是多方面的，噪声可以使人耳聋，引起高血压、心脏病、神经官能症等疾病,还污染环境,影响人们的正常生活,降低劳动生产率。

（2）工业企业噪声的卫生标准:工业企业生产车间和作业场所的工作点的噪声标准为85 dB;现有工业企业经努力暂时达不到标准时,可适当放宽,但不能超过 90 dB。

（3）噪声的防扩:噪声的防扩方法很多,而且在不断改进,主要有三个方面,即控制声源、控制噪声传播、加强个人防护。当然,降低噪声的根本途径是对声源采取隔声、减震和消除噪声的措施。

Ⅵ. 行为规范

（1）不准吸烟。

（2）保持工程化训练环境的整洁。

（3）不准从高处乱扔杂物。

（4）不准随意坐在灭火器箱、地板和教室外的凳子上。

（5）非紧急情况下不得随意使用消防器材（训练除外）。

（6）不得依靠在工程化训练装置上。

（7）在工程化训练基地、教室里不得打闹。

（8）使用后的清洁用具按规定放置整齐。

6. 实训操作步骤

1）开车前准备

（1）熟悉各取样点及温度和压力测量与控制点的位置。

（2）检查公用工程（水、电）是否处于正常供应状态。

（3）设备上电,检查流程中各设备、仪表是否处于正常开车状态,动设备试车。

（4）检查塔顶产品罐是否有足够空间贮存工程化训练产生的塔顶产品,如空间不够,关闭阀门 VA101、VA115 A（B）和 VA123,打开阀门 VA116 A（或 B）、VA117、VA120、VA121、VA128、VA129、VA122 A（或 B）,启动循环泵 P104,将塔顶产品倒到原料罐 A（或 B）。

（5）检查塔釜产品罐是否有足够空间贮存工程化训练产生的塔釜产品,如空间不够,关闭阀门 VA115 A（B）、VA129 和 VA123,打开阀门 VA101、VA102、VA116 A（或 B）、VA117、VA120、VA121 和 VA122,启动循环泵 P104,将塔釜产品倒到原料罐 A 或 B。

（6）检查原料罐是否有足够原料供工程化训练使用,检测原料浓度是否符合操作要求（原料体积百分浓度 10%~20%）,如有问题进行补料或调整浓度的操作。

（7）检查流程中各阀门是否处于正常开车状态:关闭阀门包括 VA101、VA104、VA108、

VA109、VA110、VA111、VA112、VA113 A（B）、VA117、VA118、VA119、VA120、VA121、VA122 A（B）、VA123、VA124、VA125、VA126、VA127、VA129、VA130、VA133、VA136；全开阀门包括 VA102、VA103、VA105、VA107、VA114 A（B）、VA115 A（B）、VA116 A（B）、VA128、VA131、VA132、VA136。

（8）按照要求制定操作方案。

2）正常开车

（1）从原料取样点 AI02 取样分析原料组成。

（2）精馏塔有 3 个进料位置，根据工程化训练要求，选择进料板位置，打开相应进料管线上的阀门。

（3）操作台总电源上电。

（4）启动循环泵 P104。

（5）当塔釜液位指示计 LIC01 达到 300 mm 时，关闭循环泵，同时关闭 VA107 阀门。**注意：塔釜液位指示计 LIC01 严禁低于 260 mm。**

（6）打开再沸器 E101 的电加热开关，加热电压调至 200 V，加热塔釜内原料液。

（7）通过第十二节塔段上的视镜和第二节玻璃观测段，观察液体加热情况。当液体开始沸腾时，注意观察塔内气液接触状况，同时将加热电压设定在 130~150 V 的某一数值。

（8）当塔顶观测段出现蒸气时，打开塔顶冷凝器冷却水调节阀 VA135，使塔顶蒸气冷凝为液体，流入塔顶冷凝液罐 V103。

（9）当凝液罐中的液位达到规定值后，启动回流液泵 P102 进行全回流操作，适时调节回流流量，使塔顶冷凝液罐 V103 的液位稳定在 150~200 mm 的某一值。

回流泵流量控制方案有以下两种：

（1）固定变频器的输出值，调节回流泵的行程；

（2）固定回流泵的行程，调节变频器的输出值。

泵的流量计算：

$$流量 = 计量泵的额定流量 \times \frac{拨码数}{最大拨码数} \times \frac{变频器的设定频率值}{50} \tag{6-7}$$

3）柱塞计量泵流量控制原理

柱塞计量泵的流量取决于泵内柱塞的行程及其往复的频率，柱塞的行程受调量手轮的控制，而往复频率则受电机转速的控制。方案一是通过调节柱塞的行程达到改变流量的目的。方案二则是通过改变电机的转速来实现流量调节。

工业领域所用的电机大部分是感应式交流电机，此类电机的旋转速度取决于电机的极

数和频率,即

$$n = \frac{60f}{p} \tag{6-8}$$

式中　n——同步转数;

　　f——电源频率;

　　p——电机极数。

电机的极数是固定不变的,而频率是电机电源电信号的频率,所以该值能够在电机的外面调节后再供给电机,这样电机的旋转速度就可以被自由的控制。因此,以控制频率为目的的变频器是进行电机调速的优选设备。

本装置所采用的 N2 系列变频器是将电压源的直流变换为交流,直流回路的滤波是电容。柱塞计量泵的流量正比于泵内柱塞的往复次数,而柱塞的往复次数正比于电机的转速,电机的转速又正比于其电源的频率。因此,在固定柱塞行程的情况下,计量泵的流量正比于其电机的电源频率。

4)正常操作

(1)待全回流稳定后,切换至部分回流,将原料罐、进料泵 P101 和进料口管线上的相关阀门全部打开,使进料管路通畅。

(2)将进料柱塞计量泵 P101 的行程调至 4 L/h,然后开启进料泵 P101、塔顶出料泵 P103 开关,适时调节回流泵和采出泵的流量,以使塔顶冷凝液罐 V103 液位稳定(采出泵的调节方式同回流泵)。

(3)观测塔顶回流液位变化以及回流和出料流量计值的变化。在此过程中,可根据情况小幅增大塔釜加热电压值(5~10 V)以及冷却水流量。

(4)塔顶温度稳定一段时间后,取样测量浓度。

5)正常停车

(1)关闭塔顶采出泵、进料泵。

(2)停止再沸器 E101 加热。

(3)待没有蒸气上升后,关闭回流液泵 P102。

(4)关闭塔顶冷凝器 E104 的冷却水。

(5)将各阀门恢复到初始状态。

(6)关仪表电源和总电源。

(7)清理装置,打扫卫生。

7. 实验仪表操作

1）变频器的使用

（1）按下 $\boxed{\substack{DSP\\FUN}}$ 键，若面板 LED 上显示 F_XXX（X 代表 0~9 中任意一位数字），则进入步骤（2）；如果仍然只显示数字，则继续按 $\boxed{\substack{DSP\\FUN}}$ 键，直到面板 LED 上显示 F_XXX 时才进入步骤（2）。

（2）按 $\boxed{\blacktriangle}$ 或 $\boxed{\blacktriangledown}$ 键来选择所要修改的参数号，由于 N2 系列变频器面板 LED 能显示四位数字或字母，可以使用 $\boxed{\substack{<\\RESET}}$ 键来横向选择所要修改的数字的位数，以加快修改速度，将 F_XXX 设置为 F_011 后，按下 $\boxed{\substack{READ\\ENTER}}$ 键进入步骤（3）。

（3）按 $\boxed{\blacktriangle}$、$\boxed{\blacktriangledown}$ 键及 $\boxed{\substack{<\\RESET}}$ 键设定或修改具体参数，将参数设置为 0000（或 0002）。

（4）改完参数后，按下 $\boxed{\substack{READ\\ENTER}}$ 键确认，然后按 $\boxed{\substack{DSP\\FUN}}$ 键，将面板 LED 显示切换到频率显示的模式。

（5）按 $\boxed{\blacktriangle}$、$\boxed{\blacktriangledown}$ 键及 $\boxed{\substack{<\\RESET}}$ 键设定需要的频率值，按下 $\boxed{\substack{READ\\ENTER}}$ 键确认。

（6）按下 $\boxed{\substack{RUN\\STOP}}$ 键运行或停止。

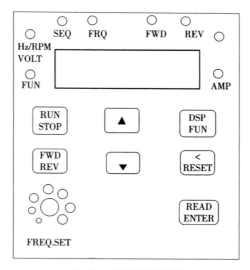

图 6-9　变频器面板图

2）仪表的使用

Ⅰ. 面板说明

仪表面板如图 6-10 所示，部分说明如下。

（1）上显示窗。

（2）下显示窗。

（3）设置键。

（4）数据移位（兼手动/自动切换）。

（5）数据减少键。

（6）数据增加键。

（7）10 个 LED 指示灯,其中 MAN 灯灭表示自动控制状态, 亮表示手动输出状态;
PRG 表示仪表处于程序控制状态; M2、OP1、OP2、AL1、AL2、AU1、AU2 等分别对应模块输
入输出动作;COM 灯亮表示正与上位机进行通信。

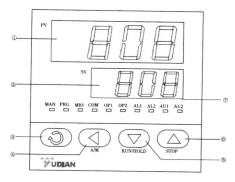

图 6-10　仪表面板图

Ⅱ. 基本使用操作

仪表显示状态如图 6-11 所示。

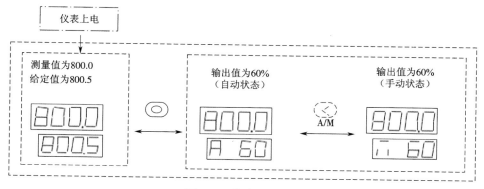

图 6-11　仪表显示状态

显示切换:按 ⊙ 键可以切换不同的显示状态。

修改数据:需要设置给定值时,可将仪表切换到左侧显示状态,即可通过按 ◁ 、▽ 或
△ 键来修改给定值。AI 仪表同时具备数据快速增减法和小数点移位法。按 ▽ 键减小

数据,按 ⟨△⟩ 键增加数据,可修改数值位的小数点并同时闪动(如同光标)。按键并保持不放,可以快速地增加 / 减少数值,并且速度会随小数点右移自动加快(3 级速度)。而按 ⟨◁⟩ 键则可直接移动修改数据的位置(光标),操作快捷。

  设置参数:在基本状态下按 ⟨⟳⟩ 键并保持约 2 s,即进入参数设置状态。在参数设置状态下按 ⟨⟳⟩ 键,仪表将依次显示各参数,例如上限报警值 HIAL、LOAL 等。用 ⟨◁⟩ 、⟨▽⟩ 、⟨△⟩ 等键可修改参数值。按 ⟨◁⟩ 键并保持不放,可返回显示上一参数。先按 ⟨◁⟩ 键不放,接着再按 ⟨⟳⟩ 键可退出设置参数状态。如果没有按键操作,约 30 s 后会自动退出设置参数状态。仪表参数设定如图 6-12 所示。

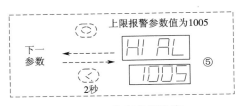

图 6-12 仪表参数设定

3)AI 人工智能调节及自整定(AT)操作

  AI 人工智能调节算法是采用模糊规则进行 PID 调节的一种新型算法,在误差大时,运用模糊算法进行调节,以消除 PID 饱和积分现象,当误差趋小时,采用改进后的 PID 算法进行调节,并能在调节中自动学习和记忆被控对象的部分特征以使效果最优化,具有无超调、高精度、参数确定简单、对复杂对象也能获得较好的控制效果等特点。AI 系列调节仪表还具备参数自整定功能,AI 人工智能调节方式初次使用时,可启动自整定功能来协助确定 M5、P、t 等控制参数。将参数 Ctrl 设置为 2 的启动仪表自整定功能,此时仪表下显示器将闪动显示"At"字样,表明仪表已进入自整定状态。自整定时,仪表执行位式调节,经 2~3 次振荡后,仪表内部微处理器根据位式控制产生的振荡,分析其周期、幅度及波型来自动计算出 M5、P、t 等控制参数。如果在自整定过程中要提前放弃自整定,可再按 ⟨◁⟩ 键并保持约 2 s,使仪表下显示器停止闪动"At"字样即可。视不同系统,自整定需要的时间可从数秒至数小时不等。仪表在自整定成功结束后,会将参数 Ctrl 设置为 3(出厂时为 1)或 4,这样今后无法从面板再按 ⟨◁⟩ 键启动自整定,可以避免人为的误操作再次启动自整定。

  系统在不同给定值下整定得出的参数值不完全相同,执行自整定功能前,应先将给定值设置在最常用值或是中间值上,参数 Ctrl(控制周期)及 dF(回差)的设置,对自整定过程也有影响,一般来说,这 2 个参数的设定值越小,理论上自整定参数准确度越高。但 dF 值如果过小,则仪表可能因输入波动而在给定值附近引起位式调节的误动作,这样反而可能整定出彻底错误的参数。推荐 Ctrl=0~2，dF=2.0。此外，基于需要学习的原因，自整定结束后初次使用，控制效果可能不是最佳，需要使用一段时间（一般与自整定需要的时间相同）后方可获得最佳效果。

AI 仪表的自整定功能具备较高的准确度，可满足超过 90% 用户的使用要求，但由于自动控制对象的复杂性，对于一些特殊应用场合，自整定出的参数可能并不是最佳值，所以也可能需要人工调整 MPT 参数。在以下场合自整定结果可能无法令人满意：①滞后时间很长的系统；②使用行程时间长的阀门来控制响应快速的物理量（例如流量、某些压力等），自整定的 P、t 值常常偏大。用手动自整定则可获得较准确的结果；③对于致冷系统及压力、流量等非温度类系统，M5 准确性较低，可根据其定义（即 M5 等于手动输出值改变 5% 时测量值对应发生的变化）来确定 M5；④其他特殊的系统，如非线性或时变型系统。如果正确地操作自整定而无法获得满意的控制，可人为修改 M5、P、t 参数。人工调整时，注意观察系统响应曲线，如果是短周期振荡（与自整定或位式调节时振荡周期相当或略长），可减小 P（优先），加大 M5 及 t；如果是长周期振荡（数倍于位式调节时振荡周期），可加大 M5（优先），加大 P，t；如果无振荡而静差太大，可减小 M5（优先），加大 P；如果最后能稳定控制但时间太长，可减小 t（优先），加大 P，减小 M5。调试时还可用逐试法，即将 MPT 参数之一增加或减少 30%~50%，如果控制效果变好，则继续增加或减少该参数，否则往反方向调整，直到效果满足要求。一般可先修改 M5，如果无法满足要求再依次修改 P、t 和 Ctrl 参数，直到满足要求为止。

8. 设备一览表

精馏设备一览表 6-3。

表 6-3 精馏设备一览表

序号	位号	名称	用途	规格
1	T101	精馏塔	完成分离任务	15 节塔段，每段 $\phi 76 \times 120$ mm，塔釜 $\phi 159 \times 500$ mm
2	V101A	原料罐	贮存原料液	$\phi 300 \times 400$ mm
3	V101B			
4	V105	塔顶产品罐	贮存塔顶产品	$\phi 219 \times 400$ mm
5	V102	塔釜产品罐	贮存塔釜产品	$\phi 273 \times 400$ mm
6	V103	塔顶冷凝液罐	临时贮存塔顶蒸气冷凝液	$\phi 76 \times 400$ mm
7	E101	再沸器	为精馏过程提供上升蒸气	$\phi 159 \times 300$ mm，加热功率 2.5 kW
8	E102	塔釜冷却器	冷却塔釜产品的同时预热原料	$\phi 108 \times 400$ mm，换热面积 0.2 m²
9	E104	塔顶冷凝器	将塔顶蒸气冷凝为液体	$\phi 108 \times 400$ mm，换热面积 0.2 m²

续表

序号	位号	名称	用途	规格
10	E103	原料预热器	将原料加热到指定的进料温度	$\phi50\times300$ mm,加热功率 600 W
11	P101	进料泵	为精馏塔提供连续定量的进料	DPXS 10/0.5 柱塞计量泵,10 L/h
12	P102	回流液泵	为精馏塔提供连续定量的回流液体	DPXS 10/0.5 柱塞计量泵,10 L/h
13	P103	塔顶采出泵	将塔顶产品输送到塔顶产品罐	DPXS 5/0.5 柱塞计量泵,6 L/h
14	P104	循环泵	为精馏塔的开车提供快速进料	增压泵,10 L/min

9. 仪表计量一览表及主要仪表规格型号

仪表计量一览表及主要仪表规格型号见表 6-4。

表 6-4　仪表及测量传感器

序号	位号	仪表用途	仪表位置	规格		执行器
				传感器	显示仪	
1	PI01	塔釜压力	集中	60~100 kPa 压力传感器	AI-501D	
2	TIC14	进料温度	集中		AI-708B	加热器
3	TI13	塔釜温度	集中		AI-702E	
4	TI12	第十四块塔板温度	集中			
5	TI11	第十二块塔板温度	集中		AI-702E	
6	TI10	第十一块塔板温度	集中			
7	TI09	第十块塔板温度	集中		AI-702E	
8	TI08	第九块塔板温度	集中	Pt100 热电阻,1 级,200~800 ℃		
9	TI07	第八块塔板温度	集中		AI-702E	
10	TI06	第七块塔板温度	集中			
11	TI05	第六块塔板温度	集中		AI-702E	
12	TI04	第五块塔板温度	集中			
13	TI03	第四块塔板温度	集中		AI-702E	
14	TI02	第三块塔板温度	集中			
12	TIC01	塔顶温度	集中		AI-708B	回流泵、出料泵
15	LIC01	塔釜液位	就地/集中	0~420 mm UHC 荧光柱式磁翻转液位计,精度 20 cm	AI-501B	塔底出料电磁阀
16	LIC02	冷凝液液位	就地/集中	0~420 mm UHC 荧光柱式磁翻转液位计,精度 20 cm	AI-708B	回流泵、出料泵
17	LI03	原料罐 A 液位	就地		玻璃管	
18	LI04	原料罐 B 液位	就地		玻璃管	

序号	位号	仪表用途	仪表位置	规格		执行器
				传感器	显示仪	
19	LI05	塔顶产品罐液位	就地		玻璃管	
20	LI06	塔釜产品罐液位	就地		玻璃管	
21		进料流量	就地			变频器
22		回流流量	集中		变频器	变频器
23		出料流量	集中		变频器	变频器
24	FI04	冷却水流量	就地		40~400 L/h 转子流量计	

实训 3　二氧化碳吸收 – 解吸实训

6.3.1　实训目的

（1）认识吸收 – 解吸设备结构。

（2）认识吸收 – 解吸装置流程及仪表。

（3）掌握吸收 – 解吸装置的运行操作技能。

（4）学会常见异常现象的判别及处理方法。

2. 生产工艺过程

1）主要的物料平衡与流向

空气（载体）由空气压缩机提供，二氧化碳（溶质）由钢瓶提供，二者混合后从吸收塔的底部进入吸收塔向上流动通过吸收塔，与下降的吸收剂逆流接触吸收，吸收尾气一部分进入二氧化碳气体分析仪，大部分排空；吸收剂（解吸液）存储于解吸液储槽，经解吸液泵输送至吸收塔的顶端向下流动经过吸收塔，与上升的气体逆流接触吸收其中的溶质（二氧化碳），吸收液从吸收塔底部进入吸收液储槽。

空气（解吸惰性气体）由旋涡气泵机提供，从解吸塔的底部进入解吸塔向上流动通过解吸塔，与下降的吸收液逆流接触进行解吸，解吸尾气一部分进入二氧化碳气体分析仪，大部分排空；吸收液存储于吸收液储槽，经吸收液泵输送至解吸塔的顶端向下流动经过解吸塔，并与上升的气体逆流接触解吸其中的溶质（二氧化碳），解吸液从解吸塔底部进入解吸液储槽。

2）工艺流程图

二氧化碳吸收 - 解吸实训的装置如图 6-13 所示。

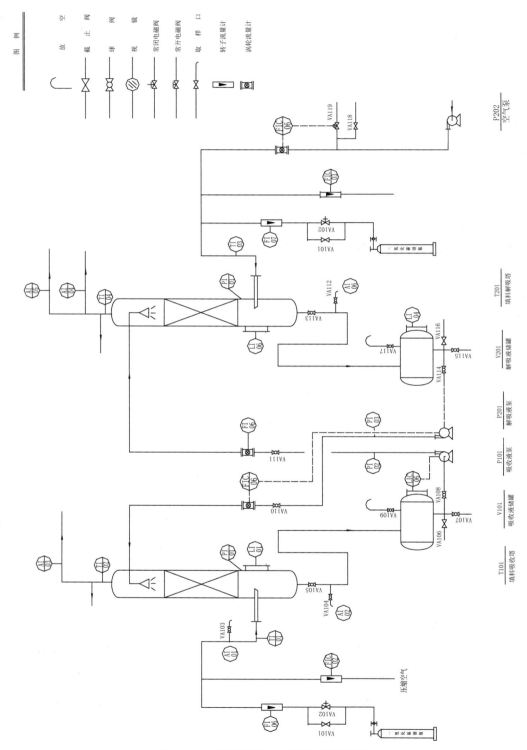

图 6-13　二氧化碳吸收－解吸实训装置图

3. 生产控制技术

在化工生产中,对各工艺变量有一定的控制要求。有些工艺变量对产品的数量和质量起着决定性的作用。例如,对吸收剂流量的控制可以直接影响到吸收液中二氧化碳的含量;而对吸收剂储槽液位的控制可以保证实验得以顺利进行。为了实现控制要求,可以有两种方式:一种是人工控制;另一种是自动控制。自动控制是在人工控制的基础上发展起来的,使用了自动化仪表等控制装置来代替人的观察、判断、决策和操作。

先进控制策略在化工生产过程的推广应用,能够有效提高生产过程的平稳性和产品质量的合格率,对于降低生产成本、节能减排降耗、提升企业的经济效益具有重要意义。

1)各项工艺操作指标

(1)操作压力。

二氧化碳钢瓶压力:$\geqslant$ 0.5 MPa。

压缩空气压力:$\leqslant$ 0.3 MPa。

吸收塔压差:0~1.0 kPa。

解吸塔压差:0~1.0 kPa。

加压吸收操作压力:$\leqslant$ 0.5 MPa。

(2)流量控制。

吸收剂流量:200~400 L/h。

解吸剂流量:200~400 L/h。

解吸气泵流量:4.0~10.0 m^3/h。

CO_2 气体流量:4.0~10.0 L/min。

压缩空气流量:15~40 L/min。

(3)温度控制。

吸收塔进、出口温度:室温。

解吸塔进、出口温度:室温。

各电机温升:$\leqslant$ 65 ℃。

(4)孔板流量计孔径:5.0 mm,孔流系数 C_0=0.60。

(5)吸收液储槽液位:200~300 mm。

解吸液储槽液位:1/3~3/4。

2)主要控制点的控制方法和仪表控制

(1)吸收剂(解吸液)流量控制,如图 6-14 所示。

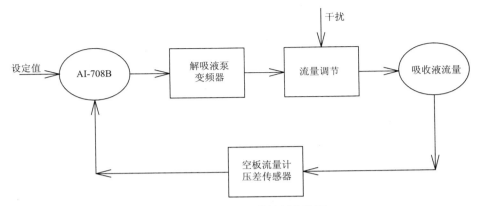

图 6-14　吸收剂流量控制方块图

（2）吸收液储槽液位控制，如图 6-15 所示。

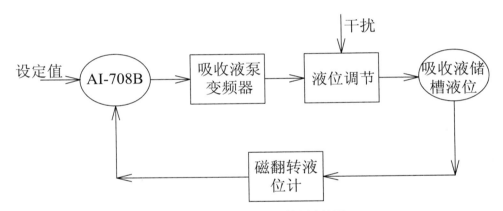

图 6-15 吸收液储槽液位控制方块图

（3）解吸惰性气体流量控制，如图 6-16 所示。

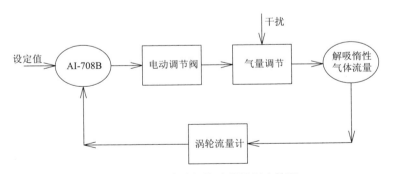

图 6-16　解吸惰性气体流量控制方块图

4. 安全生产技术

1）生产事故及处理预案

Ⅰ. 吸收塔出口气体二氧化碳含量升高

造成吸收塔出口气体二氧化碳含量升高的原因主要有入口混合气中二氧化碳含量的增加、混合气流量增大、吸收剂流量减小、吸收贫液中二氧化碳含量增加和塔性能的变化（填料堵塞、气液分布不均等）。

处理的措施如下：

（1）检查二氧化碳的流量，如发生变化，调回原值。

（2）检查入吸收塔的空气流量 FIC02，如发生变化，调回原值。

（3）检查入吸收塔的吸收剂流量 FIC04，如发生变化，调回原值。

（4）打开阀门 VA112，取样分析吸收贫液中二氧化碳含量，如二氧化碳含量升高，增加解吸塔空气流量 FIC01。

（5）如上述过程未发现异常，在不发生液泛的前提下，加大吸收剂流量 FIC04，增加解吸塔空气流量 FIC01，使吸收塔出口气体中二氧化碳含量回到原值，同时向指导教师报告，观测吸收塔内的气液流动情况，查找塔性能恶化的原因。

待操作稳定后，记录实验数据；继续进行其他实验。

Ⅱ. 解吸塔出口吸收贫液中二氧化碳含量升高

造成吸收贫液中二氧化碳含量升高的原因主要有解吸空气流量不够、塔性能的变化（填料堵塞、气液分布不均等）。处理的措施如下。

（1）检查入解吸塔的空气流量 FIC01，如发生变化，调回原值。

（2）检查解吸塔塔底的液封，如液封被破坏要恢复，或增加液封高度，防止解吸空气泄漏。

（3）如上述过程未发现异常，在不发生液泛的前提下，加大解吸空气流量 FIC01，使吸收贫液中二氧化碳含量回到原值，同时向指导教师报告，观察塔内气液两相的流动状况，查找塔性能恶化的原因。

待操作稳定后，记录实验数据；继续进行其他实验。

2）工业卫生和劳动保护

化工单元实训基地的老师和学生进入化工单元实训基地后必须穿戴劳保用品：在指定区域正确戴上安全帽，穿上安全鞋，在进入任何作业过程中佩戴安全防护眼镜，在任何作业过程中佩戴合适的防护手套。无关人员不得进入化工单元实训基地。应注意用电安全、高压气瓶使用安全（参考第 2 章相关内容），使用梯子时不能使用有缺陷的，登梯前必须确保梯子支撑稳固,上下梯子应面向梯子并且双手扶梯,一人登高时要有同伴护稳梯子。实训期间不得随意丢弃化学品,不得随意乱扔垃圾,避免水、能源和其他资源的浪费,应保持实训基地的环境卫生。因此,在实训过程中,要注意不能发生物料的跑、冒、滴、漏。需遵守的实训生产行为规范:①不准吸烟;②使用楼梯时应用手护栏杆;③保持实训环境整洁;④不准从高处乱扔杂物;⑤不准随意坐在灭火器箱、地板和教室外的凳子上;⑥非紧急情况下不得随意使用消防器材(训练除外);⑦不得靠在实训装置上;⑧在实训过程中,在教室里不得打闹;⑨使用后的清洁用具按规定放置整齐

5. 实训操作步骤

1) 开车前准备

(1)了解吸收和解吸传质过程的基本原理。

(2)了解填料塔的基本构造,熟悉工艺流程和主要设备。

(3)熟悉各取样点及温度和压力测量与控制点的位置。

(4)熟悉用转子流量计、孔板流量计和涡轮流量计测量流量。

(5)检查公用工程(水、电)是否处于正常供应状态。

(6)设备上电,检查流程中各设备、仪表是否处于正常开车状态,动设备试车。

(7)了解本实训所用物系。

(8)检查吸收液储槽是否有足够空间储存实训过程的吸收液。

(9)检查解吸液储槽是否有足够解吸液供实训使用。

(10)检查二氧化碳钢瓶储量是否有足够 CO_2 供实训使用。

(11)检查流程中各阀门是否处于正常开车状态:阀门 VA101、VA103、VA104、VA105、VA106、VA107、VA108、VA110、A111、VA112、VA113、VA114、VA115、VA116 关闭;阀门 VA109、VA117、VA118 全开。

(12)按照要求制定操作方案。

(13)发现异常情况,必须及时报告指导教师进行处理。

2) 正常开车

(1)确认阀门 VA111 处于关闭状态,启动解吸液泵 P201,逐渐打开阀门 VA111,吸收剂(解吸液)通过孔板流量计 FIC04 从顶部进入吸收塔。

(2)将吸收剂流量设定为规定值(200~400 L/h),观测孔板流量计 FIC03 显示和解吸液入口压力 PI03 显示。

(3)当吸收塔底的液位 LI01 达到规定值时,启动空气压缩机,将空气流量设定为规定值(1.4~1.8 m³/h),通过质量流量计积算仪使空气流量达到此值。

（4）观测吸收液储槽的液位 LIC03，待其大于规定液位高度（200~300 mm）后，启动旋涡空气泵 P202，将空气流量设定为规定值（4.0~18 m³/h），调节空气流量 FIC01 到此规定值（若长时间无法达到规定值，可适当减小阀门 VA118 的开度）。注：新装置首次开车时，解吸塔要先通入液体润湿填料，再通入惰性气体。

（5）确认阀门 VA112 处于关闭状态，启动吸收液泵 P101，观测泵出口压力 PI02（如PI02 没有示值，关泵，必须及时报告指导教师进行处理），打开阀门 VA112，解吸液通过孔板流量计 FI04 从顶部进入解吸塔，通过解吸液泵变频器调节解吸液流量，直至 LIC03 保持稳定，观测孔板流量计 FI04 显示。

（6）观测空气由底部进入解吸塔和解吸塔内气液接触情况，空气入口温度由 TI03 显示。

（7）将阀门 VA118 逐渐关小至半开，观察空气流量 FIC01 的示值。气液两相被引入吸收塔后，开始正常操作。

3）正常操作

（1）打开二氧化碳钢瓶阀门，调节二氧化碳流量到规定值，打开二氧化碳减压阀保温电源。

（2）二氧化碳和空气混合后制成实训用混合气从塔底进入吸收塔。

（3）注意观察二氧化碳流量变化情况，及时调整到规定值。

（4）操作稳定 20 min 后，分析吸收塔顶放空气体（AI03）、解吸塔顶放空气体（AI05）。

（5）气体在线分析方法：二氧化碳传感器检测吸收塔顶放空气体（AI03）、解吸塔顶放空气体（AI05）中的二氧化碳体积浓度，传感器将采集到的信号传输到显示仪表中，在显示仪表 AI03 和 AI05 上读取数据。

本实训可以改变下列工艺条件：

（1）吸收塔混合气流量和组成；

（2）解吸液流量和组成；

（3）解吸塔空气流量；

（4）吸收液流量和组成。

在操作过程中，可以改变一个操作条件，也可以同时改变几个操作条件。需要注意的是，每次改变操作条件，必须及时记录实训数据，操作稳定后及时取样分析和记录。操作过程中发现异常情况，必须及时报告指导教师进行处理。

4）正常停车

（1）关闭二氧化碳钢瓶总阀门和二氧化碳减压阀保温电源。

（2）10 min 后，关闭吸收液泵 P201 电源，关闭空气压缩机电源。

（3）吸收液流量变为零后，关闭解吸液泵 P101 电源。

（4）5 min 后，关闭旋涡空气泵 P202 电源。

（5）关闭总电源。

6. 实验仪表操作

本套装置变频器、智能仪表的使用均参考表 6-4。

7. 设备一览表

二氧化碳吸收－解吸设备一览表 6-5。

表 6-5　二氧化碳吸收－解吸设备一览表

序号	位号	名称	用途	规格
1	T101	吸收塔	完成吸收任务	主体硬质玻璃 DN100×1 500 mm；上部出口段，不锈钢 ϕ114×200 mm；下部入口段，不锈钢 ϕ100×400 mm；填料为 ϕ10 拉西环
2	T201	解吸塔	完成解吸任务	主体硬质玻璃 DN100×1 800 mm；上部出口段，不锈钢 ϕ114×200 mm；下部入口段，不锈钢 ϕ114×400 mm；填料为规整填料
3	P101	吸收液泵	输送吸收液	不锈钢，WB50/025，功率 250 W，1.2~7.2 m³/h
4	P202	解吸液泵	输送解吸液及吸收剂	不锈钢，WB50/025，功率 250 W，1.2~7.2 m³/h
5	V101	吸收液储槽	贮存吸收液	不锈钢，ϕ400×600 mm
6	V201	解吸液储槽	贮存解吸液及吸收剂	不锈钢，ϕ400×600 mm
7	P202	旋涡空气泵	输送解吸用空气	XGB-8 型旋涡空气泵，功率 370 W，最大流量 65 m³/h

8. 仪表计量一览表及主要仪表规格型号

仪表计量一览表及主要仪表规格型号见表 6-6。

表 6-6　仪表及测量传感器

序号	位号	仪表用途	仪表位置	规格		执行器
				传感器	显示仪	
1	FIC01	解析空气流量	集中	40 m³/h 涡轮流量计	AI-708B	涡轮流量计
2	FIC02	进料空气流量	集中	S49-33M/MT，气体质量流量计，34 SLM	AI-708D	气体质量流量计
3	FIC03	解吸液及吸收剂流量	集中	100kPa 压差传感器	AI-708B	变频器
4	FIC04	吸收液流量	集中	100kPa 压差传感器	AI-501B	

续表

序号	位号	仪表用途	仪表位置	规格		执行器
				传感器	显示仪	
5	FIC05	二氧化碳流量	集中	S49-33M/MT,气体质量流量计,5 SLM	AI-708D	调节阀
6	TI01	混合进塔温度	集中	$\phi 3 \times 90$ mm K-型热电偶	AI-702ME	
7	TI02	吸收塔尾气温度	集中			
8	TI03	解吸气体进塔温度	集中		AI-702ME	
9	TI04	吸收尾气温度	集中			
10	LI01	吸收塔塔釜液位	就地		玻璃管	
11	LI02	解吸塔塔釜液位	就地		玻璃管	
12	LIC03	吸收液储槽液位	就地/集中	0~420 mm UHC 荧光柱式磁翻转液位计,精度 10 cm	AI-708B	变频器
13	LI04	解吸液储槽液位	就地		玻璃管	
14	PI01	吸收塔压差	集中	10 kPa 压差传感器	AI-501D	
15	PI02	吸收液泵出口压力	就地	Y-100 指针压力表,0~0.4 MPa		
16	PI03	解吸液泵出口压力	就地	Y-100 指针压力表,0~0.4 MPa		
17	PI04	解吸塔压差	集中	10 kPa 压差传感器	AI-501D	
18	AI03	吸收塔尾气浓度	集中	20%CO_2 浓度传感器	AI-501D	
19	AI05	解吸塔尾气浓度	集中	6 000ppmCO_2 浓度传感器	AI-501D	

实训 4 离心分离实训

1. 实训目的

(1)认识离心设备(包括结构三足式离心机、碟片离心机及管式离心机)的结构。

(2)掌握以上三种不同离心设备的异同。

(3)掌握离心设备的运行操作技能。

2. 离心分离设备操作的基本原理

1)三足式离心机

电机带动离合器由三角胶带将动力传递给转鼓,使转鼓绕自身轴线高速回转,形成离心力场,物料从顶部加料管进入转鼓内的离心力场中,离心力迫使物料均布在转鼓壁上进行脱液分离,液相透过固相物料和滤网缝隙,经鼓壁孔甩至机壳空间,从机身底盘出液口排出,固相物留在转鼓内,停机后由人工将上部卸出。

2)管式离心机

分离机由机身、传动装置、转鼓、集液盘、进液轴承座组成。转鼓上部是挠性主轴,下部是阻尼浮动轴承,主轴由连接座及缓冲器与被动轮连接,电动机通过主动轮、涨紧轮将动力传送给被动轮,从而使鼓绕自身轴线高速旋转,形成强大的离心力场。物料由底部进液口射入,离心力迫使料液沿转鼓内壁向上流动,且因料液不同组分的密度差而分层。

3)碟片离心机

碟片离心机是立式离心机的一种,转鼓装在立轴上端,通过传动装置由电动机驱动而高速旋转。转鼓内有一组互相套叠在一起的碟形零件——碟片。碟片与碟片之间留有很小的间隙。悬浮液(或乳浊液)由位于转鼓中心的进料管加入转鼓。当悬浮液(或乳浊液)流过碟片之间的间隙时,固体颗粒在离心机作用下沉降到碟片上形成沉渣。沉渣沿碟片表面滑动而脱离碟片并积聚在转鼓内直径最大的部位,分离后的液体从出液口排出转鼓。碟片的作用是缩短固体颗粒的沉降距离、扩大转鼓的沉降面积,转鼓中由于安装了碟片而大大提高了分离机的生产能力。

3. 操作前检查及注意事项

1) 运转前的检查和实验

离心机安装完毕后,应依次进行运转前检查、空运转实验和负荷实验,达到相应要求后才可投入生产运行,运转前的检查应包括:

(1)各零部件安装是否正确,紧固件不得松动;

(2)各润滑部位应加足润滑脂;

(3)机壳、转鼓内无异物,用手盘动转鼓,转动应灵活无碰擦;

(4)制动装置灵活可靠;

(5)瞬时启动电动机,转鼓转动无异常,特别注意转鼓旋转方向应与标牌上箭头指示方向一致,严禁反方向运转;

(6)空运转实验可进一步检查有无异常振动和噪声以及电气安装是否正确,负荷运转实验可确定生产运行的操作参数。

2)注意事项

Ⅰ.三足式离心机

①滤布、衬网的种类和规格的选择:根据悬浮液的腐蚀性确定滤布(或滤网)和衬网的材质;综合考虑滤渣含湿量、滤液含固量、离心机处理量的工艺要求以及滤渣的粒度,来确定

滤布(网)的规格。

②加料方式:以在转鼓内布料均匀、运转振动小来评价加料方式。对于悬浮液一般在离心机正常运转后加料,如果悬浮液黏度大、浓度高、流动性差或极易脱水等情况,在离心机运转后加料发生严重振动时,可考虑瞬时启动离心机后立即切断电源,在转鼓转速较低的情况下加入悬浮液,或者像成件物品那样,在转鼓静止时将物料在转鼓内铺布均匀后,先人工盘动转鼓再启动离心机进行分离。

③加料量:应严格遵循"加料量不允许超过装料限重"的原则。由于物料性质的影响,有时加料大并不意味离心机处理能力也大,例如某些细黏物料,若在转鼓内滤渣层太厚,为了达到预期的含湿量,必然增加甩干时间,造成离心机单位时间内的处理能力反而下降,因此应综合考虑来确定合理的加料量。

④分离(或甩干)时间:应根据物料性质通过实验来确定,分离(或甩干)时间长并不意味滤渣含湿量就低,例如延长某些细黏物料的分离(或甩干)时间,滤渣含湿量的降低并不明显,此时若采取加衬网、减少滤渣层厚度等措施,可能更有效。

Ⅱ. 管式离心机

（ 1 ）操作步骤:

①将转筒与三叶板用专用扳手旋紧(箭头对合上);

②将转子装入机身壳体,支承于轴承螺帽上,然后装上接液盘;

③从转子头部卸去保护螺帽,先用两手使转子与主轴通过连接螺帽连接,然后用两专用扳手拧紧;

④将蠕动泵接管接上进料接头,开机,稳定数分钟后开动蠕动泵;

⑤离心完毕,关掉蠕动泵,当出料管没有液体排出后方可停机;

（ 2 ）注意事项:

①本离心机重在平衡, 因此各转动部件必须保护好。

②转子头部严禁碰撞、划伤,转子一经卸下立即用保护螺帽保护好。

③每次开机前,注油杯旋转半圈,对下轴承加入润滑脂。

④每次开机、关机均需用蠕动泵将水打入冲洗部件。

⑤结束后,按安装相反的次序拆除,转筒内部的固形物应用专用工具处理,然后用水清洗干净,要防止发生碰撞、划伤。

Ⅲ. 碟片离心机

（ 1 ）分离机安装基础牢固,若在楼上,应安装在支梁上,并留有一定的空间便于维修。

（ 2 ）分离机装配时用手盘动转鼓,应灵活、有无卡住现象。

（3）启动分离机前,应检查制动器(刹车)是否松开、齿轮箱内油位是否正确以及电机转向,尤其是第一次启动或电机设备检修后。

（4）由于分离机转鼓的转动惯量较大,其启动电流大,持续时间较长,故电气设备及线路应能承载较大的负荷。

（5）启动分离机时,若振动异常,应立即停车,检查转鼓装配情况。

（6）机器未停稳前,严禁拆装分离机。

（7）转鼓上的零件不允许与其他分离机上转鼓的零件互换。

（8）分离机一段时间不使用时,应将转鼓清洗干净,断开主、辅电机的电源。

（9）遵循安全操作规程,根据说明书的要求进行操作。

（10）任何时候都要遵循生产厂家的建议,按顺序和步骤进行拆卸、组装、运行和保养。

附　录

附录1　法定计量单位及单位换算

1. 基本常数与单位

名称	符号	数值
重力加速度（标）	g	9.806 65 m/s²
玻尔兹曼常数	k	$1.380\ 44 \times 10^{-23}$ J/K
气体常数	R	8.314 kJ/(kmol·K)
气体标准摩尔体积	V_m	22.413 6 L/kmol
阿伏伽德罗常数	NA	$6.022\ 96 \times 10^{23} mol^{-1}$
斯蒂芬 - 玻尔兹曼常数	o	5.669×10^{-8} W/(m²·K⁴)
光速(真空中)	c	$2.997\ 930 \times 10^8$ m/s

2. 常用压力单位换算表

压力单位	Pa	kgf/cm²	atm	bar	mmHg
Pa	1	$1.019\ 716 \times 10^{-5}$	$9.869\ 24 \times 10^6$	1×10^{-5}	$7.500\ 6 \times 10^{-3}$
kgf/cm²	$9.800\ 66 \times 10^4$	1	0.967 841	0.980 665	735.559
atm	$1.013\ 25 \times 10^5$	1.033 23	1	1.013 25	760.0
bar	1×10^5	1.019 716	0.986 923	1	750.062
mmHg	133.322 4	$1.359\ 51 \times 10^{-3}$	$1.315\ 79 \times 10^{-3}$	$1.333\ 22 \times 10^{-3}$	1

3. 动力黏度(简称黏度)

Pa·s	p	cP	lb/(ft·s)	kgf·s/m
1	10	1×10^3	0.672	0.102
1×10^{-1}	1	1×10^2	0.067 20	0.010 2
1×10^{-3}	0.01	1	6.720×10^{-4}	0.102×10^{-3}
1.488 1	14.881	1 488.1	1	0.151 9

Pa · s	p	cP	lb/(ft · s)	kgf · s/m
9.81	98.1	9 810	6.59	1

4. 运动黏度

m²/s	cm²/s	ft²/s
1	1×10^4	10.76
10^{-4}	1	1.076×10^{-3}
92.9	929	1

注:cm²/s 又称斯托克斯,简称斯,以 St 表示,斯的百分之一为厘斯,以 cSt 表示。

5. 功率

W	kgf · m/s	ft · lb/s	hp(英制)	kJ/s	英制单位 /s
1	0.101 971	0.737 6	1.341×10^{-3}	$0.238\ 9 \times 10^{-3}$	$0.948\ 6 \times 10^{-3}$
9.806 7	1	7.233 14	0.013 15	$0.234\ 2 \times 10^{-2}$	$0.929\ 3 \times 10^{-2}$
1.355 8	0.138 25	1	0.001 818 2	$0.323\ 8 \times 10^{-3}$	$0.128\ 5 \times 10^{-2}$
745.69	76.038 8	550	1	0.178 03	0.706 75
4 186.8	426.85	3 088.44	5.613 5	1	3.968 3
1 055	107.58	778.168	1.414 8	0.251 996	

注:1 kW = 1 000 W = 1 000 J/s = 1 000 N · m/s。

6. 比热容

kJ/(kg · C)	kcal/(kg · C)	英热单位 /(lb · F)
1	0.238 9	0.238 9
4.186 8	1	1

7. 热导率

W/(m·C)	J/(cm·s·C)	cal/(m·s·C)	kcal/(m·h·C)	英热单位 /(ft·h·F)
1	1×10^{-2}	2.389×10^{-3}	0.858 9	0.578
1×10^2	1	0.238 9	86.0	57.79
418.6	4.186	1	360	241.9

8. 传热系数

W/(m²·℃)	kcal/(cm²·h·℃)	cal/(cm²·s·℃)	英热单位 /(ft·h·F)
1	0.86	2.389×10^{-5}	0.176
1.163	1	2.778×10^{-5}	0.204 8
4.18×10^4	3.6×10^4	1	7 374
5.678	4.882	1.356×10^{-4}	1

9. 扩散系数

m²/s	cm²/s	m²/h	ft²·h	in²·s
1	10^4	3 600	3.875×10^4	1 550
10^{-4}	1	0.360	3.875	0.155 0
2.778×10^{-4}	2.778	1	10.764	0.430 6
$0.258\ 1 \times 10^{-4}$	0.258 1	0.092 90	1	0.040
6.452×10^{-4}	6.452	2.323	25.0	1

附录 2　水的物理性质

温度 / ℃	饱和蒸汽压 / kPa	密度 / (kg/m³)	焓 / [kJ/ (kg·℃)]	比热容 / [kJ/ (kg·℃)]	导热系数 λ [$\times 10^{-2}$ W /(m·℃)]	黏度 μ/ ($\times 10^{-5}$ Pa·s)	体积膨胀系数 β/ ($\times 10^{-4}$/℃)	表面张力 σ/ ($\times 10^{-3}$ N/ m)	普朗特数 Pr
0	0.608 2	999.9	0	4.212	55.13	179.21	−0.63	77.1	13.66
10	1.226 2	999.7	42.04	4.191	57.45	130.77	0.70	75.6	9.52
20	2.334 6	998.2	83.90	4.183	59.89	100.50	1.82	74.1	7.01
30	4.247 4	995.7	125.69	4.174	61.76	80.07	3.21	72.6	5.42
40	7.376 6	992.2	167.51	4.174	63.38	65.60	3.87	71.0	4.32
50	12.34	988.1	209.30	4.174	64.78	54.94	4.49	69.0	3.54
60	19.923	983.2	251.12	4.178	65.94	46.88	5.11	67.5	2.98
70	31.164	977.8	292.99	4.178	66.76	40.61	5.70	65.6	2.54
80	47.375	971.8	334.94	4.195	67.45	35.65	6.32	63.8	2.12
90	70.136	965.3	376.98	4.208	67.98	31.65	6.95	61.9	1.96
100	101.33	958.4	419.10	4.220	68.04	28.38	7.52	60.0	1.76
110	143.31	951.0	461.34	4.233	68.27	25.89	8.08	58.0	1.61
120	198.64	943.1	503.67	4.250	68.50	23.73	8.64	55.9	1.47

续表

温度 /℃	饱和蒸汽压 / kPa	密度 / (kg/m³)	焓 / [kJ/ (kg·℃)]	比热容 / [kJ/ (kg·℃)]	导热系数 λ/ [×10⁻² W /(m·℃)]	黏度 μ/ (×10⁻⁵ Pa·s)	体积膨胀系数 β/ (×10⁻⁴/℃)	表面张力 σ/ (×10⁻³ N/ m)	普朗特数 Pr
130	270.25	934.8	546.38	4.266	68.27	21.77	9.17	53.9	1.36
140	361.47	926.1	589.08	4.287	68.38	20.10	9.72	51.7	1.26
150	476.24	917.0	632.20	4.312	68.27	18.63	10.3	49.6	1.18
160	618.28	907.4	675.33	4.346	67.92	17.36	10.7	47.5	1.11
170	792.59	897.3	719.297	4.379	67.45	16.28	11.3	46.2	1.05
180	1 003.5	886.9	763.25	4.417	66.99	15.30	11.9	43.1	1.00
190	1 255.6	876.0	807.63	4.460	66.29	14.42	12.6	40.8	0.96
200	1 554.77	863.0	852.43	4.505	65.48	13.63	13.3	38.4	0.93
210	1 917.72	852.8	897.65	4.555	64.55	13.04	14.1	36.1	0.91
220	2 320.88	840.3	943.70	4.614	63.73	12.46	14.8	33.8	0.89
230	2 798.59	827.3	990.18	4.681	62.80	11.97	15.9	31.6	0.88
240	3 347.91	813.6	1 037.49	4.756	61.80	11.47	16.8	29.1	0.87
250	3 977.67	799.0	1 085.64	4.844	61.76	10.98	18.1	26.7	0.86
260	4 693.75	784.0	1 135.04	4.949	60.48	10.59	19.7	24.2	0.87
270	5 503.99	767.0	1 185.28	4.070	59.96	10.20	21.6	21.9	0.88
280	6 417.24	750.7	1 236.28	5.229	57.45	9.81	23.7	19.5	0.89
290	7 443.29	732.3	1 289.95	5.485	55.82	9.42	26.2	17.2	0.93
300	8 592.94	712.5	1 344.80	5.736	53.96	9.12	29.2	14.7	0.97
310	9 877.96	691.1	1 402.16	6.071	52.34	8.83	32.9	12.3	1.02
320	11 300.3	667.1	1 462.03	6.573	50.59	8.53	38.2	10.0	1.11
330	12 879.6	640.2	1 526.10	7.243	48.73	8.14	43.3	7.82	1.22
340	14 615.8	610.1	1 594.75	8.164	45.71	7.75	53.4	5.78	1.38
350	16538.5	574.4	1 671.37	9.504	43.03	7.26	66.8	3.89	1.60
360	18 667.1	528.0	1 761.39	13.984	39.54	6.67	109	2.06	2.36
370	21 040.9	450.5	1 892.43	40.319	33.73	5.65	264	0.48	6.08

附录 3　饱和水蒸气的物理性质

温度 /℃	绝对压强		蒸汽密度 / (kg/m³)	焓				汽化热	
	kgf/cm²	kPa		液体		蒸汽		kcal/kg	kJ/kg
				kcal/kg	kJ/kg	kcal/kg	kJ/kg		
0	0.006 2	0.608 2	0.004 84	0.0	0.00	595.0	2 491.1	595.0	2 491.1

温度 /℃	绝对压强		蒸汽密度 / (kg/m³)	焓				汽化热	
	kgf/cm²	kPa		液体		蒸汽			
				kcal/kg	kJ/kg	kcal/kg	kJ/kg	kcal/kg	kJ/kg
5	0.008 9	0.873 0	0.006 80	5.0	20.94	597.3	2 500.8	592.3	2 479.9
10	0.012 5	1.226 2	0.009 40	10.0	41.87	599.6	2 510.4	589.6	2 468.5
15	0.017 4	1.706 8	0.012 83	15.0	62.80	602.0	2 520.5	587.0	2 457.7
20	0.023 8	2.334 6	0.171 90	20.0	83.74	604.3	2 530.1	584.3	2 446.3
25	0.032 3	3.168 4	0.230 40	25.0	104.17	606.6	2 539.7	581.6	2 435.0
30	0.043 3	4.247 4	0.030 36	30.0	125.60	608.9	2 549.3	578.9	2 423.7
35	0.057 3	5.620 7	0.039 60	35.0	146.54	611.2	2 559.0	576.2	2 412.4
40	0.075 2	7.376 6	0.051 14	40.0	167.47	613.5	2 568.6	573.5	2 401.1
45	0.097 7	9.583 7	0.065 43	45.0	188.41	615.7	2 577.8	570.7	2 389.4
50	0.125 8	12.340	0.083 00	50.0	209.34	618.0	2 587.4	568.0	2 378.1
55	0.160 5	15.743	0.104 3	55.0	230.27	620.2	2 596.7	566.2	2 366.4
60	0.203 1	19.923	0.130 1	60.0	251.21	622.5	2 606.3	562.0	2 355.1
65	0.255 0	25.014	0.161 1	65.0	272.14	624.7	2 615.5	559.7	2 343.4
70	0.317 7	31.164	0.197 9	70.0	293.08	626.8	2 624.3	556.8	2 331.2
75	0.393	38.551	0.241 6	75.0	314.01	629.0	2 633.5	554.0	2 319.5
80	0.483	47.379	0.292 9	80.0	334.94	631.1	2 642.3	551.2	2 307.8
85	0.590	57.875	0.353 1	85.0	355.88	633.2	2 651.1	548.2	2 295.2
90	0.715	70.136	0.422 9	90.0	376.81	635.3	2 659.9	545.3	2 283.1
95	0.862	84.556	0.503 9	95.0	397.75	637.4	2 668.7	542.4	2 270.9
100	1.033	101.33	0.597 0	100.0	418.68	639.4	2 677.0	539.4	2 258.4
105	1.232	120.85	0.703 6	105.1	440.43	641.3	2 685.0	536.3	2 245.4
110	1.461	143.31	0.825 4	110.1	460.97	643.3	2 693.3	533.1	2 232.0
115	1.724	169.11	0.963 5	115.2	482.32	645.2	2 701.3	530.0	2 219.0
120	2.025	198.64	1.119 9	120.3	503.67	647.0	2 708.9	526.7	2 205.2
125	2.367	232.19	1.296	125.4	525.02	648.8	2 716.4	523.5	2 191.8
130	2.755	270.25	1.494	130.5	546.38	650.6	2 723.9	520.1	2 177.6
135	3.192	313.11	1.715	135.6	567.73	652.3	2 731.0	516.7	2 163.3
140	3.685	361.47	1.962	140.7	589.08	653.9	2 737.7	513.2	2 148.7
145	4.238	415.72	2.238	145.9	610.85	655.5	2 744.4	509.7	2 134.0
150	4.855	476.24	2.543	151.0	632.21	657.0	2 750.7	506.0	2 118.5
160	6.303	618.28	3.252	161.4	675.75	659.9	2 762.9	498.5	2 087.1
170	8.080	792.59	4.113	171.8	719.29	662.4	2 773.3	490.6	2 054.0
180	10.23	1 003.5	5.145	182.3	763.25	664.6	2 782.5	482.3	2 019.3
190	12.80	1 255.6	6.378	192.9	807.64	666.4	2 790.1	473.5	1 982.4

续表

温度 /℃	绝对压强		蒸汽密度 / (kg/m³)	焓				汽化热	
	kgf/cm²	kPa		液体		蒸汽		kcal/kg	kJ/kg
				kcal/kg	kJ/kg	kcal/kg	kJ/kg		
200	15.85	1 554.8	7.840	203.5	852.01	667.7	2 795.5	464.2	1 943.5
210	19.55	1 917.7	9.567	214.3	897.23	668.6	2 799.3	454.4	1 902.5
220	23.66	2 320.9	11.60	225.1	942.45	669.0	2 801.0	443.9	1 858.5
230	28.53	2 798.6	13.98	236.1	988.50	668.8	2 800.1	432.7	1 811.6
240	34.13	3 347.9	16.76	247.1	1 034.56	668.0	2 796.8	420.8	1 761.8
250	40.55	3 977.7	20.01	258.3	1 081.45	664.0	2 790.1	408.1	1 708.6
260	47.85	4 693.8	23.82	269.6	1 128.76	664.2	2 780.9	394.5	1 651.7
270	56.11	5 504.0	28.27	281.1	1 176.91	661.2	2 768.3	380.1	1 591.4
280	65.42	6 417.2	33.47	292.7	1 225.48	657.3	2 752.0	364.6	1 526.5
290	75.88	7 443.3	39.60	304.4	1 274.46	652.6	2 732.3	348.1	1 457.4
300	87.6	8 592.9	46.93	316.6	1 325.54	646.8	2 708.0	330.2	1 382.5
310	100.7	9 878.0	55.59	329.3	1 378.71	640.1	2 680.0	310.8	1 301.3
320	115.2	11 300.3	65.95	343.0	1 436.07	632.5	2 648.2	289.5	1 212.1
330	131.3	12 879.6	78.53	357.5	1 446.78	623.5	2 610.5	266.6	1 116.2
340	149.0	14 615.8	93.98	373.3	1 562.93	613.5	2 568.6	240.2	1 005.7
350	168.6	16 538.5	113.2	390.8	1 636.20	601.1	2 516.7	210.3	880.5
360	190.3	18 667.1	139.6	413.0	1 729.15	583.4	2 442.6	170.3	713.0
370	214.5	21 040.9	171.0	451.0	1 888.25	549.8	2 301.9	908.2	411.1
374	225.0	22 070.9	322.6	501.1	2 098.00	501.1	2 098.0	0.0	0.0

附录4　氨气的性质

水温 /℃	5	6	7	8	9	10	11	12	13
亨利系数 /kPa	40.53	42.56	44.59	46.61	48.64	50.67	52.69	54.72	57.76
水温 /℃	14	15	16	17	18	19	20	21	22
亨利系数 /kPa	60.80	63.33	66.37	69.92	72.96	77.01	80.56	84.10	87.65

附录5　CO_2 水溶液的亨利系数

温度 /℃	亨利系数 E($\times 10^{-5}$/kPa)	温度 /℃	亨利系数 E($\times 10^{-5}$/kPa)
0	0.738	30	1.88
5	0.888	35	2.12
10	1.05	40	2.36

续表

温度 /℃	亨利系数 $E(\times 10^{-5}/kPa)$	温度 /℃	亨利系数 $E(\times 10^{-5}/kPa)$
15	1.24	45	2.60
20	1.44	50	2.87
25	1.66	60	3.46

附录 6　乙醇 – 正丙醇在常压下的气液平衡数据

温度 /℃	乙醇在液相中的摩尔分数 X/%	乙醇在气相中的摩尔分数 Y/%
97.16	0.00	0.00
93.85	12.60	24.00
92.66	18.80	31.80
91.60	21.00	33.90
88.32	35.80	55.00
86.25	46.10	65.00
84.98	54.60	71.10
84.13	60.00	76.00
83.06	66.30	79.90
80.59	84.40	91.40
78.38	100.00	100.00

注：乙醇沸点为 78.3 ℃；正丙醇沸点为 97.2 ℃。

附录 7　乙醇 – 正丙醇的折光率与溶液浓度的关系

乙醇的质量分数	温度		
	25 ℃	30 ℃	35 ℃
0.000 0	1.382 7	1.380 9	1.379 0
0.050 5	1.381 5	1.379 6	1.377 5
0.099 8	1.379 7	1.378 4	1.376 2
0.197 4	1.377 0	1.375 9	1.374 0
0.295 0	1.375 0	1.373 5	1.371 9
0.397 7	1.373 0	1.371 2	1.369 2
0.497 0	1.370 5	1.369 0	1.367 0
0.599 0	1.368 0	1.366 8	1.365 0
0.644 5	1.366 7	1.365 7	1.363 4
0.710 1	1.365 8	1.364 0	1.362 0

乙醇的质量分数	温度		
	25 ℃	30 ℃	35 ℃
0.798 3	1.364 0	1.362 0	1.360 0
0.844 2	1.362 8	1.360 7	1.359 0
0.906 4	1.361 8	1.359 3	1.357 3
0.950 9	1.360 6	1.358 4	1.356 3
1.000 0	1.358 9	1.357 4	1.355 1

对 30 ℃下,质量分数与阿贝折光仪读数之间的关系也可按下列回归式计算:

$$W=58.844\ 116-42.613\ 25 \times n_D$$

其中,W 为乙醇的质量分率;n_D 为折光仪读数(折光指数)。

由质量分数求摩尔分数(X_A):

$$X_A = \frac{(\frac{W_A}{M_A})}{(\frac{W_A}{M_A}) + \frac{[1-(W_A)]}{M_B}}$$

其中,乙醇分子量 M_A=46; 正丙醇分子量 M_B=60。

附录 8　乙醇－正丙醇的汽化热和比热容数据

温度/℃	乙醇		正丙醇	
	汽化热/(kJ/kg)	比热容/[kJ/(kg·K)]	汽化热/(kJ/kg)	比热容/[kJ/(kg·K)]
0	985.29	2.23	839.88	2.21
10	969.66	2.30	827.62	2.28
20	953.21	2.38	814.80	2.35
30	936.03	2.46	801.42	2.43
40	918.12	2.55	787.42	2.49
50	899.31	2.65	772.86	2.59
60	879.77	2.76	757.60	2.69
70	859.32	2.88	741.78	2.79
80	838.05	3.01	725.34	2.89
90	815.79	3.14	708.20	2.92
100	792.52	3.29	690.30	2.96

附录 9　干空气的物理性质（ 101.33 kPa ）

温度 /℃	密度 /(kgm³)	比热容 /[kJ/(kg·℃)]	热导率 λ/[×10²W/(m·℃)]	黏度 μ/ (×10⁵ Pa·s)	普朗特数 Pr
−50	1.584	1.013	2.035	1.46	0.728
−40	1.515	1.013	2.117	1.52	0.728
−30	1.453	1.013	2.198	1.57	0.723
−20	1.395	1.009	2.279	1.62	0.716
−10	1.342	1.009	2.360	1.67	0.712
0	1.293	1.009	2.442	1.72	0.707
10	1.247	1.009	2.512	1.77	0.705
20	1.205	1.013	2.593	1.81	0.703
30	1.165	1.013	2.675	1.86	0.701
40	1.128	1.013	2.756	1.91	0.699
50	1.093	1.017	2.826	1.96	0.698
60	1.060	1.017	2.896	2.01	0.696
70	1.029	1.017	2.966	2.06	0.694
80	1.000	1.022	3.047	2.11	0.692
90	0.972	1.022	3.128	2.15	0.690
100	0.946	1.022	3.210	2.19	0.688
120	0.898	1.026	3.338	2.29	0.686
140	0.854	1.026	3.489	2.37	0.684
160	0.815	1.026	3.640	2.45	0.682
180	0.779	1.034	3.780	2.53	0.681
200	0.746	1.034	3.931	2.60	0.680
250	0.674	1.043	4.268	2.74	0.677
300	0.615	1.047	4.605	2.97	0.674
350	0.566	1.055	4.908	3.14	0.676
400	0.524	1.068	5.210	3.31	0.678
500	0.456	1.072	5.745	3.62	0.687
600	0.404	1.089	6.222	3.91	0.699
700	0.362	1.102	6.711	4.18	0.706
800	0.329	1.114	7.176	4.43	0.713
900	0.301	1.127	7.630	4.67	0.717
1 000	0.277	1.139	8.071	4.90	0.719
1 100	0.257	1.152	8.502	5.12	0.722
1 200	0.239	1.164	9.153	5.35	0.724

附录 10　湿空气的物理性质

温度 /℃	湿度 / (kg/kg, 干空气)	水蒸气压 / (kN/m²)	水分浓度 / (kg/m³)	汽化焓 / (kJ/kg)	湿焓 / (kJ/kg, 干空气)	湿容积 / (m³/kg, 干空气)	动黏度 / (×10⁶ m²/s)	湿热 / (×10⁻³ kJ/kg)	导热系数 λ[×10² W/ (m·℃)]	水分扩散系数 / (×10⁶ m²/s)
0	0.003 821	0.610 8	0.004 846	2 500.8	9.55	0.778 1	13.25	0.010 8	0.023 80	22.2
2	0.004 418	0.705 4	0.005 557	2 495.9	13.06	0.784 5	13.43	1.012 0	0.024 13	22.4
4	0.005 100	0.812 9	0.006 358	2 491.3	16.39	0.791 1	13.61	1.013 4	0.024 27	22.6
6	0.005 868	0.934 6	0.007 257	2 486.6	20.77	0.797 7	13.79	1.014 9	0.024 40	22.8
8	0.006 749	1.072 1	0.008 267	2 481.9	25.00	0.804 6	13.97	1.016 7	0.024 54	23.1
10	0.007 733	1.227 1	0.009 396	2 477.2	29.52	0.811 6	14.15	1.018 6	0.024 66	23.3
12	0.008 849	1.401 5	0.010 66	2 472.5	34.37	0.818 7	14.34	1.020 8	0.024 78	23.6
14	0.010 105	1.597 4	0.012 06	2 467.8	39.57	0.826 1	14.52	1.023 3	0.024 90	23.9
16	0.011 513	1.816 8	0.013 63	2 463.1	45.18	0.833 7	14.71	1.026 0	0.025 00	24.2
18	0.013 108	2.062	0.015 36	2 458.4	51.29	0.841 5	14.89	1.029 1	0.025 11	24.5
20	0.014 895	2.337	0.017 29	2 453.1	57.86	0.849 7	15.08	1.032 5	0.025 20	24.8
22	0.016 892	2.642	0.019 42	2 449.0	65.02	0.851 1	15.27	1.036 4	0.025 29	25.2
24	0.019 131	2.982	0.021 77	2 442.0	72.60	0.866 9	15.46	1.040 7	0.025 37	25.5
26	0.021 635	3.360	0.024 37	2 439.5	81.22	0.876 1	15.65	1.045 5	0.025 44	25.9
28	0.024 435	3.778	0.027 23	2 434.8	98.48	0.885 7	15.84	1.050 9	0.025 50	26.3
30	0.027 558	4.241	0.030 36	2 430.0	100.57	0.895 8	16.03	1.056 9	0.025 56	26.6
32	0.031 050	4.753	0.033 80	2 425.3	111.58	0.906 5	16.22	1.063 5	0.025 61	27.0
34	0.034 950	5.318	0.037 58	2 420.5	123.72	0.917 8	16.41	1.071 0	0.025 65	27.4
36	0.039 289	5.940	0.041 71	2 415.8	136.99	0.929 7	16.61	1.079 3	0.025 67	27.8
38	0.044 136	6.624	0.046 22	2 411.0	151.60	0.942 5	16.80	1.088 5	0.025 69	28.3
40	0.049 532	7.375	0.051 44	2 406.2	167.64	0.956 0	17.00	1.098 9	0.025 69	28.7
42	0.055 560	8.198	0.056 50	2 401.4	185.40	0.970 6	17.20	1.110 3	0.025 69	29.1
44	0.062 278	9.010	0.062 33	2 396.6	204.94	0.986 2	17.39	1.123 2	0.025 66	29.6
46	0.069 778	10.085	0.068 67	2 391.8	226.55	1.003 0	17.59	1.137 5	0.025 63	30.0
48	0.078 146	11.161	0.075 53	2 387.0	250.45	1.021 3	17.79	1.153 4	0.025 58	30.5
50	0.087 516	12.335	0.082 98	2 382.1	277.04	1.041 0	17.99	1.171 3	0.025 52	30.9
52	0.098 018	13.613	0.091 03	2 377.3	306.64	1.062 6	18.19	1.197 3	0.025 45	31.4
54	0.109 76	15.002	0.099 74	2 372.4	339.51	1.086 1	18.39	1.213 7	0.025 36	31.9
56	0.122 97	16.509	0.109 1	2 367.6	373.31	1.111 2	18.59	1.238 9	0.025 26	32.4
58	0.137 90	18.146	0.119 3	2 362.7	417.72	1.140 5	18.79	1.267 3	0.025 14	32.9
60	0.154 72	19.92	0.130 2	2 357.9	464.11	1.172 1	18.99	1.299 4	0.025 01	33.4

续表

温度 /℃	湿度 / （ kg/kg， 干空气 ）	水蒸 气压 / （ kN/m² ）	水分 浓度 / （ kg/m³ ）	汽化焓 / （ kJ/kg ）	湿焓 / （ kJ/kg， 干空气 ）	湿容积 / （ m³/kg， 干空气 ）	动黏度 / （ ×10⁶ m²/s ）	湿热 / （ ×10⁻³ kJ/kg ）	导热系数 λ[×10² W/ （ m·℃)]	水分扩 散系数 / （ ×10⁶ m²/s ）
62	0.173 80	21.84	0.141 9	2 353.0	516.57	1.207 3	19.19	1.335 7	0.024 87	34.0
64	0.195 41	23.91	0.154 5	2 348.1	575.77	1.246 7	19.38	1.377 0	0.024 71	34.5
66	0.220 21	26.14	0.168 0	2 343.1	643.51	1.291 0	19.57	1.424 1	0.024 55	35.1
68	0.248 66	28.55	0.182 6	2 338.2	721.01	1.341 2	19.76	1.478 2	0.024 37	35.7
70	0.281 54	31.16	0.198 1	2 333.3	810.36	1.398 6	19.94	1.541 8	0.024 18	36.3
72	0.319 66	33.96	0.214 6	2 328.3	915.57	1.464 3	20.01	1.613 2	0.023 99	36.9
74	0.364 68	36.96	0.232 4	2 323.3	1 035.60	1.541 1	20.28	1.698 6	0.023 79	37.6
76	0.417 90	40.19	0.251 4	2 318.3	1 179.42	1.630 9	20.44	1.799 4	0.023 60	38.3
78	0.480 48	43.65	0.271 7	2 313.3	1 348.40	1.737 5	20.58	1.919 9	0.023 41	39.0
80	0.559 31	47.36	0.293 3	2 308.3	1 560.80	1.866 3	20.71	2.066 4	0.023 23	39.8
82	0.655 73	51.33	0.316 2	2 303.2	1 820.46	2.024 7	20.81	2.247 7	0.023 07	40.7
84	0.777 81	55.57	0.340 6	2 298.1	2 148.92	2.223 8	20.90	2.476 4	0.022 94	41.5
86	0.937 68	60.50	0.346 6	2 293.0	2 578.73	2.481 0	20.96	2.773 9	0.022 85	42.5
88	1.152 44	64.95	0.394 2	2 287.9	3 155.67	2.823 5	20.99	3.170 8	0.022 81	43.6
90	1.458 73	70.11	0.423 5	2 282.2	3 978.42	3.304 7	20.99	3.730 4	0.022 83	44.7
92	1.927 18	75.61	0.454 5	2 277.6	5 236.61	4.029	20.94	4.574	0.022 95	46.0
94	2.731 70	81.46	0.487 3	2 272.4	7 395.49	5.238	20.84	5.987	0.023 18	47.4
96	4.426 70	87.69	0.522 1	2 267.1	11 944.39	7.662	20.69	8.820	0.023 55	49.0
98	10.303 06	94.30	0.558 8	2 261.9	27 711.34	14.939	20.47	17.338	0.024 09	50.8
100	∞	101.325	0.597 7	2 256.7	∞	∞	20.08	∞	0.024 86	52.8

附录 11　乙醇 – 水常压下的气液平衡数据

液相中乙醇的含量（ 摩尔分 数 ）	气相中乙醇的含量（ 摩尔分 数 ）	液相中乙醇的含量（ 摩尔分 数 ）	气相中乙醇的含量（ 摩尔分 数 ）
0.0	0.0	0.40	0.614
0.004	0.053	0.45	0.635
0.01	0.11	0.50	0.657
0.02	0.175	0.55	0.678
0.04	0.273	0.60	0.698
0.06	0.34	0.65	0.725
0.08	0.392	0.70	0.755

续表

液相中乙醇的含量（摩尔分数）	气相中乙醇的含量（摩尔分数）	液相中乙醇的含量（摩尔分数）	气相中乙醇的含量（摩尔分数）
0.10	0.43	0.75	0.785
0.14	0.482	0.80	0.82
0.18	0.513	0.85	0.855
0.20	0.525	0.894	0.894
0.25	0.551	0.90	0.898
0.30	0.575	0.95	0.942
0.35	0.595	1.0	1.0

附录 12　不同温度乙醇－水溶液的组成（101.3 kPa）

温度 /℃	乙醇的摩尔分率	
	x	y
95.5	0.019 0	0.170 0
89.0	0.072 1	0.389 1
86.7	0.096 6	0.437 5
85.3	0.123 8	0.470 4
84.1	0.166 1	0.508 9
82.7	0.233 7	0.544 5
82.3	0.260 8	0.558 0
81.5	0.327 3	0.582 6
80.7	0.396 5	0.612 2
79.8	0.507 9	0.656 4
79.7	0.519 8	0.659 9
79.3	0.573 2	0.648 1
78.74	0.676 3	0.738 5
78.41	0.747 2	0.781 5
78.15	0.894 3	0.894 3

附录 13　酒精温度、浓度换算表

溶液温度/℃	酒精计示值									
	100.0	99.0	98.0	97.0	96.0	95.0	94.0	93.0	92.0	91.0
	温度 20 ℃时用体积百分数表示酒精浓度									
40	96.6	95.3	94.0	92.6	91.6	90.4	89.2	88.0	86.8	85.8
39	96.8	95.4	94.2	92.8	91.8	90.6	89.4	88.2	87.1	86.1
38	96.9	95.6	94.4	93.0	92.0	90.9	89.7	88.5	87.3	86.3
37	97.1	95.8	94.6	93.3	92.3	91.1	89.9	88.8	87.6	86.6
36	97.3	96.0	94.8	93.5	92.5	91.3	90.2	89.0	87.8	86.8
35	97.4	96.2	95.0	93.7	92.7	91.6	90.4	89.2	88.1	87.1
34	97.6	96.3	94.2	94.9	92.9	91.8	90.6	89.5	88.2	87.4
33	97.8	96.5	95.4	94.1	93.1	92.0	90.9	89.8	88.6	87.6
32	98.0	96.7	95.6	94.4	93.4	92.2	91.1	90.0	88.9	87.9
31	98.1	96.9	95.8	94.6	93.6	92.5	91.4	90.2	89.1	88.1
30	98.3	97.1	96.0	94.8	93.8	92.7	91.6	90.5	89.4	88.4
29	98.4	97.3	96.2	95.1	94.0	92.9	91.8	90.8	89.7	88.6
28	98.6	97.5	96.4	95.3	94.2	93.1	92.1	91.1	90.0	88.9
27	98.8	97.7	96.6	95.5	94.5	93.4	92.3	91.3	90.2	89.2
26	99.0	97.9	96.8	95.8	94.7	93.6	92.6	91.5	90.5	89.4
25	99.2	98.1	97.0	96.0	94.9	93.9	92.8	91.8	90.7	89.7
24	99.3	98.3	97.2	96.2	95.1	94.1	93.1	92.0	91.0	90.0
23	99.5	98.5	97.4	96.4	95.4	94.3	93.3	92.3	91.3	90.2
22	99.7	98.6	97.6	96.6	95.6	94.6	93.5	92.5	91.5	90.5
21	99.8	98.8	97.8	96.8	95.8	94.8	93.8	92.8	91.8	90.7

溶液温度/℃	酒精计示值									
	90.0	89.0	88.0	87.0	86.0	85.0	84.0	83.0	82.0	81.0
	温度 20 ℃时用体积百分数表示酒精浓度									
40	84.5	83.4	82.3	81.3	80.1	79.1	78.0	76.9	75.9	75.0
39	84.8	83.7	82.6	81.6	80.4	79.4	78.3	77.2	76.2	75.3
38	85.1	84.0	82.9	81.9	80.7	79.7	78.6	77.5	76.5	75.6
37	85.3	84.3	83.2	82.2	81.0	80.0	78.9	77.8	76.8	75.9
36	85.6	84.6	83.5	82.5	81.3	80.3	79.2	78.1	77.1	76.2
35	85.9	84.8	83.8	82.8	81.6	80.6	79.5	78.4	77.4	76.5
34	86.2	85.0	84.0	83.0	81.9	80.9	79.8	78.7	77.8	76.8
33	86.5	85.1	84.3	83.3	82.2	81.2	80.1	79.1	78.1	77.1

续表

溶液温度 /℃	酒精计示值									
	90.0	89.0	88.0	87.0	86.0	85.0	84.0	83.0	82.0	81.0
	温度 20 ℃时用体积百分数表示酒精浓度									
32	86.7	85.4	84.6	83.6	82.5	81.5	80.4	79.4	78.4	77.4
31	87.0	85.8	84.9	83.9	82.8	81.8	80.7	79.7	78.7	77.7
30	87.3	86.0	85.2	84.2	83.1	82.1	81.0	80.0	79.0	78.0
29	87.6	86.3	85.6	84.4	83.4	82.4	81.3	80.3	79.3	78.3
28	87.9	86.5	85.8	84.7	83.7	82.7	81.6	80.6	79.6	78.6
27	88.1	86.8	86.1	85.0	84.0	83.0	81.9	80.9	79.9	78.9
26	88.4	87.1	86.3	83.3	84.0	83.3	82.2	81.2	80.2	79.2
25	88.7	87.4	86.6	85.6	84.6	83.6	82.5	81.5	80.5	79.5
24	89.0	87.7	86.9	85.9	84.9	83.8	82.8	81.8	80.8	79.8
23	89.2	88.0	87.2	86.2	85.1	84.1	83.1	82.1	81.1	80.1
22	89.5	88.4	87.4	86.4	85.2	84.4	83.4	82.4	81.4	80.4
21	89.7	88.7	87.7	86.7	85.7	84.7	83.7	82.7	81.7	80.7

溶液温度 /℃	酒精计示值									
	10.0	9.0	8.0	7.0	6.0	5.0	4.0	3.0	2.0	1.0
	温度 20 ℃时用体积百分数表示酒精浓度									
40	5.8	5.0	4.2	3.4	2.4	1.6	0.8			
39	6.0	5.2	4.4	3.6	2.6	1.8	1.0			
38	6.2	5.4	4.6	3.8	2.8	1.9	1.1	0.1		
37	6.4	5.6	4.8	3.9	2.9	2.1	1.3	0.3		
36	6.6	5.8	5.0	4.1	3.1	0.3	1.4	0.4		
35	6.8	6.0	5.2	4.3	3.3	2.4	1.6	0.6		
34	7.1	6.2	5.3	4.5	3.5	2.6	1.8	0.8		
33	7.3	6.4	5.5	4.7	3.8	2.8	1.9	0.9		
32	7.5	6.6	5.7	4.8	3.8	3.0	2.1	1.1	0.1	
31	7.7	6.8	5.9	5.0	4.0	3.1	2.2	1.2	0.2	
30	7.9	7.0	6.1	5.1	4.2	3.3	2.4	1.4	0.4	
29	8.2	7.2	6.3	5.3	4.4	3.5	2.5	1.6	0.6	
28	8.4	7.5	6.5	5.5	4.6	3.7	2.7	1.8	0.8	
27	8.6	7.7	6.7	5.7	4.8	3.9	2.9	1.9	1.0	
26	8.8	7.9	6.9	5.9	5.0	4.0	3.1	2.1	1.1	0.1
25	9.0	8.1	7.1	6.2	5.2	4.2	3.2	2.3	1.3	0.3
24	9.2	8.3	7.3	6.3	5.4	4.4	3.4	2.4	1.4	0.4
23	9.4	8.4	7.5	6.5	5.5	4.6	3.6	2.6	1.6	0.6

溶液温度 /℃	酒精计示值									
	10.0	9.0	8.0	7.0	6.0	5.0	4.0	3.0	2.0	1.0
	温度 20 ℃时用体积百分数表示酒精浓度									
22	9.6	8.6	7.7	6.7	5.7	4.7	3.7	2.7	1.7	0.7
21	9.8	8.8	7.8	6.8	5.8	4.8	3.9	2.9	1.9	0.9

参考文献

[1]　柴诚敬,贾绍义.化工原理[M].3版.北京:高等教育出版社,2016.

[2]　张金利,郭翠梨,胡瑞杰,等.化工原理实验[M].2版.天津:天津大学出版社,2016.

[3]　王静康.化工过程设计[M].2版.北京:化学工业出版社,2010.

[4]　张浩,李金龙,吕君.化工原理实验[M].哈尔滨:哈尔滨工程大学出版社,2012.

[5]　顾丽莉.化工单元操作实验[M].北京:科学出版社,2016.

[6]　厉玉鸣.化工仪表及自动化[M].4版.北京:化学工业出版社,2011.

[7]　董大钧,乔莉,董丽.误差分析与数据处理[M].北京:清华大学出版社,2013.

[8]　徐强,胡承波,王维勋.化工原理实验[M].北京:中国水利水电出版社,2017.

[9]　章茹,秦伍根,钟卓尔.过程工程原理实验[M].北京:化学工业出版社,2019.

[10]　温路新.化工安全与环保[M].北京:科学出版社,2014.

[11]　李云雁,胡传荣.试验设计与数据处理[M].北京:化学工业出版社,2017.

[12]　都健,王瑶,王刚.化工原理实验[M].北京:化学工业出版社,2017.

[13]　代伟.化工原理实验及仿真(汉英对照)[M].武汉:武汉大学出版社,2018.

[14]　赵秋萍,李春雷.化工原理实验[M].成都:西南交通大学出版社,2014.

[15]　李鑫,崔培哲,齐建光.化工原理实验[M].北京:化学工业出版社,2019.

[16]　李卫宏,刘海.化工原理实验及仿真操作实训[M].长春:吉林大学出版社,2009.